용사 실기
Esthetician Certification

문서원 · 조효정 · (주)에듀웨이 R&D 연구소 지음

피부미용사 실기 동영상 강의 인증용 등업방법

1. 본 출판사 카페(eduway.net)에 가입합니다.
2. 아래 기입란에 카페 가입 닉네임 및 이메일 주소를 볼펜(또는 유성 네임펜)으로 기입합니다.
3. 스마트폰 등으로 이 페이지를 촬영한 후 카페 메뉴의 '(실기)미용도서–인증하기'에 게시합니다.
4. 카페매니저가 확인 후 등업을 해드립니다.

카페 닉네임 및 이메일 주소 기입란

EDUWAY
에듀웨이

Author's profile

문서원

- 현) M-beauty 대표
- 현) 서경대학교 미용예술학과 출강
- 현) 한국뷰티 직업전문학원 부원장
- 현) 동원대 뷰티디자인과 출강
- 전) KASF 피부미용경진대회 심사위원
- 전) 국제피부미용기능대회 심사위원
- 전) 대한미용사회경기도지회 심사위원

조효정

- 미국Cinema Make-up School 수료
- 고려대학교 정책대학원 최고위과정 메이크업 특강
- 한국미용기능경기대회 심사위원
- 메이크업 아티스트 자격검정 심사위원
- 뷰티GO 대표
- SBS 좋은 아침 생방송-패션트렌드 유행경향
- SBS 아카데미뷰티학원 신촌이대캠퍼스 지사장
- 한국미용경기대회 부위원장 및 심사위원
- 한국뷰티직업전문학원 고문
- 우성예술전문학교 학과장
- 송곡대학교 뷰티예술학과 외래교수
- 한국 콘서바토리 외래교수
- 서울종합예술전문학교 전임교수
- 명지전문대학교 뷰티메니지먼트과 외래교수
- 정화예술대학교 미용예술학부 겸임교수
- 저서 : 메이크업 실기(에듀웨이)

도움을 준 이

- 모델 : 장희정

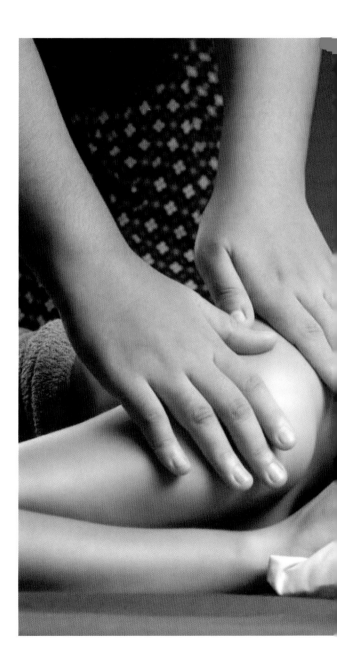

　이 책은 미용사(피부) 실기시험을 준비하는 수험생에게 무엇보다
실기시험 합격을 위한 명확한 기준을 제시하고자 하였습니다. 아울
러 시험장에 들어가기 전에 반드시 숙지해야 할 내용들을 수험생의
입장에서 다음 몇 가지 특징을 염두에 두고 집필하였습니다.

【이 책의 특징】

첫째, 이 책의 가장 큰 특징은 심사기준, 심사포인트, 감점요인입니다.
　　　감독위원들이 어떤 부분을 중점적으로 심사를 하는지, 또 감점
　　　요인에는 어떤 것들이 있으며, 어떤 점을 특별히 주의해야 하는
　　　지 등에 관한 내용을 집필하였습니다.

둘째, 공단에서 공개한 수험자 요구사항과 주의사항을 그대로 복사해
　　　서 전달하는 방식이 아니라 해당 시술 과정 곳곳에 말꼬리 설명
　　　이나 Checkpoint를 통해 정리하여 핵심적인 내용은 쉽게 이해
　　　할 수 있도록 하였습니다.

셋째, 각 과제마다 전체 시술과정을 도식화하여 한눈에 파악할 수 있
　　　도록 하였습니다. 복잡하거나 헷갈릴 수 있는 과정을 한눈에
　　　볼 수 있어 전체 과정을 쉽게 이해하는 데 도움이 될 것입니다.

넷째, 전체 시술과정에 대한 무료 동영상강의를 제공하였습니다. 책
　　　으로는 다소 부족할 수 있는 부분을 동영상으로 보면서 보다 완
　　　벽하게 준비할 수 있도록 하였습니다. 이 책을 구입한 독자분
　　　이라면 에듀웨이 카페에서 간단한 인증절차를 거쳐 보실 수 있
　　　습니다.

이 책으로 공부하신 여러분 모두에게 하나님의 은혜가 늘 함께 하시
고 합격의 영광이 합격의 영광이 있기를 기원합니다.

　　　　　　　　　　　　　　　　　　　　　　　　　　저자 드림

출제기준표
Examination Question's Standard

- **시 행 처** | 한국산업인력공단
- **자격종목** | 미용사(피부)
- **실기검정방법** | 작업형
- **시험시간** | 약 2시간 15분
- **합격기준** | 100점을 만점으로 하여 60점 이상
- **수행직무** | 고객의 상담과 피부분석을 통해 안정감 있고 위생적인 환경에서 얼굴, 신체 부위별 피부를 미용기기와 화장품을 이용하여 서비스를 제공하는 직무 수행

주요항목	세부항목	세세항목
1 피부미용 위생관리	1. 피부미용 작업장 위생 관리하기	1. 위생관리 지침에 따라 작업장 위생 관리 업무를 책임자와 협의하여 준비, 수행 2. 쾌적한 작업장이 되도록 체크리스트에 따라 환풍, 조도, 냉·난방시설의 위생 점검 3. 위생관리 지침에 따라 피부미용 작업장 청소 및 소독 점검표 기록 4. 피부미용 작업장 소독계획에 따른 작업장 소독을 통해 작업장의 위생 상태 관리
	2. 피부미용 비품 위생 관리하기	1. 위생관리 지침에 따라 피부미용 비품의 위생관리 업무를 책임자와 협의하여 준비, 수행 2. 위생관리 지침에 따라 적절한 소독방법으로 피부관리실 내부의 비품을 소독하여 보관 3. 소독제에 대한 유효기간 점검 4. 사용 종류에 알맞은 피부미용 비품의 정리정돈
	3. 피부미용사 위생 관리하기	1. 위생관리 지침에 따라 피부미용사로서 깨끗한 위생복, 마스크, 실내화를 구비하여 착용 2. 장신구는 피하고 가벼운 화장과 예의 있는 언행으로 작업장 근무수칙 준수 3. 위생관리 지침에 따라 두발, 손톱 등 단정한 용모와 신체 청결 유지
2 얼굴관리	1. 얼굴 클렌징하기	1. 얼굴피부유형별 상태에 따라 클렌징 방법과 제품을 선택 2. 눈, 입술 순서로 포인트 메이크업을 클렌징 3. 얼굴피부유형에 맞는 제품과 테크닉으로 클렌징 4. 온습포 또는 경우에 따라 냉습포로 닦아내고 토닉으로 정리
	2.. 눈썹 정리하기	1. 눈썹정리를 위해 도구를 소독하여 준비 2. 고객이 선호하는 눈썹형태로 정리 3. 눈썹정리한 부위에 대한 진정관리 실시
	3. 얼굴 딥클렌징하기	1. 피부 유형별 딥클렌징 제품 선택 2. 선택된 딥클렌징 제품을 특성에 맞게 적용 3. 피부미용기기 및 기구를 활용하여 딥클렌징 적용
	4. 얼굴 매뉴얼테크닉하기	1. 얼굴의 피부유형과 부위에 맞는 매뉴얼 테크닉을 하기 위한 제품 선택 2. 선택된 제품을 피부에 도포 3. 5가지 기본 동작을 이용하여 매뉴얼테크닉을 적용 4. 얼굴의 피부상태와 부위에 적정한 리듬, 강약, 속도, 시간, 밀착 등을 조절하여 적용

주요항목	세부항목	세세항목
	5. 영양물질 도포하기	1. 피부유형에 따라 영양물질 선택 2. 피부유형에 따라 영양물질을 필요한 부위에 도포 3. 제품의 특성에 따른 영양물질 흡수
	6. 얼굴 팩 · 마스크하기	1. 피부유형에 따른 팩과 마스크 선택 2. 제품 성질에 맞는 팩과 마스크 선택 3. 관리 후 팩과 마스크의 안전한 제거
	7. 마무리하기	1. 얼굴관리가 끝난 후 토닉으로 피부정리 2. 고객의 얼굴피부유형에 따른 기초화장품류 선택 3. 영양물질 흡수 및 자외선 차단제 마무리
❸ 신체 각 부위별 피부관리	1. 신체 각 부위별 클렌징하기	1. 피부상태에 따라 클렌징 방법과 제품 선택 2. 클렌징 제품을 팔, 다리에 도포하여 순서에 맞게 연결 동작으로 가볍게 시행 3. 마무리를 위하여 온 습포 등으로 잔여물을 닦아낸 후 토너로 피부 정리
	2. 신체 부위별 딥클렌징하기	1. 전신 피부 유형별 딥클렌징 제품 선택 2. 선택된 딥클렌징 제품을 특성에 따라 전신 피부 유형에 맞게 적용 3. 피부미용기기 및 기구를 활용하여 딥클렌징 적용
	3. 신체 부위별 피부관리하기	1. 손, 팔, 다리의 피부유형과 피부 상태를 파악하여 피부관리에 적합한 제품을 선택, 도포 2. 손, 팔, 다리의 피부 상태를 파악하고 목적에 맞는 매뉴얼 테크닉을 적용, 피부관리
	4. 신체부위별 팩 · 마스크하기	1. 전신 피부유형에 따른 팩과 마스크 종류 선택 2. 제품 성질에 맞게 팩과 마스크 적용 3. 관리 후 팩과 마스크의 안전한 제거
	5. 신체부위별 관리 마무리하기	1. 전신관리가 끝난 후 토닉으로 피부정리 2. 고객의 전신 피부유형에 따른 기초화장품류 선택 3. 해당 부위에 맞는 제품을 선택 후 특성에 따라 적용 4. 피부손질이 끝난 후 전신을 가볍게 이완
❹ 피부미용 특수관리	1. 제모하기	1. 신체부위별 왁스의 선택 및 도구 준비 2. 제모할 부위에 털 길이 조절 3. 제모 할 부위 소독 4. 수분제거용 파우더와 왁스를 적용 5. 부위에 맞게 부직포를 밀착하여 떼어 낸 후 남은 털을 족집게로 정리 6. 냉습포로 닦아낸 후 진정 제품으로 정돈
	2. 림프 관리하기	1. 림프관리시 금기해야 할 상태를 구분 2. 림프관리시 적용할 피부상태와 신체부위 구분 3. 림프절과 림프선의 숙지 및 관리 4. 셀룰라이트 피부 파악 및 림프관리 적용 5. 림프정체성 피부 파악 및 림프관리 적용

자격취득과정
License Acquisition Process

01
시험일정 확인

미용사(피부) 실기 검정시행 일정은 한국산업인력공단 홈페이지 또는 에듀웨이 카페에서 확인하실 수 있습니다.

02
원서접수

1 큐넷 홈페이지(**www.q-net.or.kr**)에서 상단 오른쪽에 로그인 을 클릭합니다.

2 '로그인 대화상자가 나타나면 아이디/비밀번호를 입력 합니다.

※ 필기시험에 합격하면 2년간 필기시험이 면제되며, 실기시험을 치를 수 있습니다.

3 원서접수를 클릭하면 [자격선택] 창이 나타납니다. 접수하기 를 클릭합니다.

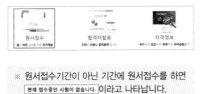

※ 원서접수기간이 아닌 기간에 원서접수를 하면 현재 접수중인 시험이 없습니다. 이라고 나타납니다.

4 [종목선택] 창이 나타나면 응시종목을 [미용사(피부)]로 선택하고 성별 구분을 선택합니다. [다음] 버튼을 클릭하면 간단한 설문 창이 나타납니다. 다음을 클릭하면 [응시유형] 창에서 [장애여부]를 선택하고 [다음] 버튼을 클릭합니다.

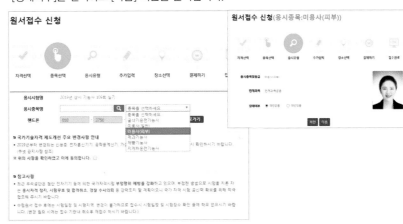

5 [장소선택] 창에서 원하는 지역, 시/군구/구를 선택하고 조회 🔍 를 클릭합니다. 그리고 시험일자, 입실시간, 시험장소, 그리고 접수가능인원을 확인한 후 선택 을 클릭합니다. 결제하기 전에 마지막으로 다시 한 번 종목, 시험일자, 입실시간, 시험장소를 꼼꼼히 확인한 후 접수하기 를 클릭합니다.

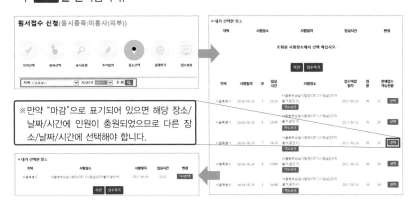

※만약 "마감"으로 표기되어 있으면 해당 장소/날짜/시간에 인원이 충원되었으므로 다른 장소/날짜/시간에 선택해야 합니다.

6 [결제하기] 창에서 검정수수료를 확인한 후 원하는 결제수단을 선택하고 결제를 진행합니다. (실기 : 27,300원)

03
실기시험 응시

실기시험 시험일 유의사항
❶ 실기시험용 도구 · 재료 지참 및 모델 동석
❷ 고사장에 30분 전에 입실(입실시간 미준수시 시험응시 불가)

04
합격자 발표

해당 합격자 발표 날짜에 'Q-net 홈페이지의 마이페이지'에 공지

05
자격증 발급

공단지사에 직접 방문하여 수령받거나 인터넷에 신청하면 우편으로 수령받을 수 있음

※ 기타 사항은 큐넷 홈페이지(www.q-net.or.kr)를 방문하거나 또는 전화 1644-8000에 문의하시기 바랍니다.

이 책의 구성

▲ 합격에 필요한 심사기준 및 심사포인트 수록

- 심사기준 및 심사포인트를 과제별로 수록하여 시술에 있어 반드시 수행해야 할 부분을 정리하였습니다.
- 특히 심사기준에 배점을 두어 단계별로 중요도를 나타내었습니다.

▲ 과제별로 전체 과정을 비교 · 정리!

각 과제별로 전체 과정을 도식화하여 쉽게 이해할 수 있도록 하였으며, 제한 시간 내에 작업을 마칠 수 있도록 과정별 시간 배분 기준을 제시하였습니다.

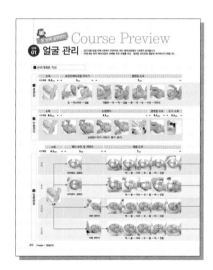

과제별로 과제 요구사항 및 필수 제품 · 도구를 ▶ 정리하였습니다.

Com position

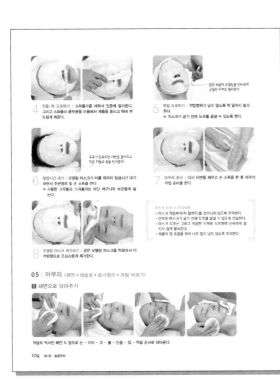

마스크 도포 시 주의사항
- 마스크 작업부위(턱 밑까지)를 벗어나지 않...
- 반죽된 마스크가 굳기 전에 도포를 끝낼 수...
- 마스크 도포는 고르고 적당한 두께로 도포...
  치지 않게 발라준다.

| 감점요인 |
- 아이 & 립 메이크업을 꼼꼼하게 지우지 않았을...

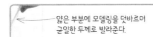

얇은 부분에 모델링을 덧바르며
균일한 두께로 발라준다.

◀ Checkpoint 감점요인 및 주의사항
각 단계별로 놓치지 않아야 할 내용이나
주요 감점요인, 주요사항을 설명하였습니다.

◀ 풍부한 사진과 꼼꼼한 설명
독자의 이해를 돕기위해 시술에 관련된 사진을
최대한 많이 실었으며, 저자의 경험과 노하우를
최대한 반영하여 상세히 설명하였습니다.

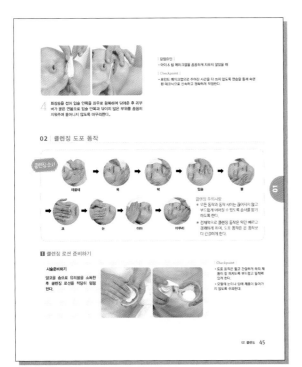

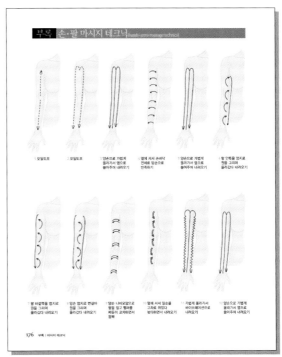

11

미용사(피부)
도구 & 재료

미용사(피부) 실기시험에 반드시 필요한 도구 및 재료의
종류를 정리해보자!

도구와 재료를
구분하여 정리
하면 시술과정
을 보다 빠르게
이해할 수 있죠

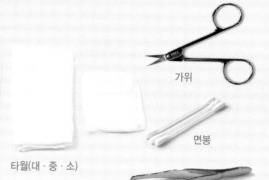

타월(대 · 중 · 소)

가위

면봉

족집게

스파츌라　　유리볼

고무볼

눈썹칼

눈썹 브러시

부직포

수검자용 가운

헤어터번

비닐봉투와 테이프

장갑

모델용 가운

모델용 슬리퍼

마스크

해면볼

보관통

미용티슈

바구니(소)

바구니(대)

쟁반

진정젤

영양크림

효소

클렌징 로션

고마쥐

립&아이크림

석고 베이스크림

스크럽

오일

토너

포인트 메이크업
리무버

크림

AHA(아하)

소독용에탄올

피부 크림팩
(중성 | 지성 | 건성)

탈컴 파우더

나무 스파츌라

종이컵

붓(클랜징, 팩용)

해면

석고 마스크

고무 모델링 마스크

보관통(뚜껑형)

미용솜

거즈

수험자 지참 공구목록

	지참 공구명	규격	수량	비고
01	위생복	상의 – 반팔가운 하의 – 긴바지	1벌	모든 복식은 흰색 통일
02	실내화	흰색	1켤레	실내화만 허용
03	마스크	흰색	1개	
04	대형 타월	100×180cm, 흰색	2장	베드용 / 모델용
05	중형 타월	65×130, 흰색	1장	
06	소형 타월	35×80cm, 흰색	5장 이상	습포 / 건포용
07	헤어터번(터번)	벨크로(찍찍이)형	1개	분홍색 또는 흰색
08	여성 모델용 가운 및 겉가운	밴드(고무줄, 벨크로)형 일반형(겉가운)	1벌	분홍색 또는 흰색
09	남성모델용 옷	박스형 반바지 & 반팔 T셔츠	1벌	상의 – 흰색
10	모델용 슬리퍼		1켤레	
11	필기도구	볼펜	1자루	검은색
12	알코올 및 분무기		1개	1인 사용량
13	일반솜		1봉	탈지면 / 1인 사용량
14	비닐봉지, 비닐백	소형	각 1장	쓰레기처리용, 습포보 관용 두터운 비닐백
15	미용솜		1통	화장솜
16	면봉		1봉	1인 사용량
17	티슈		1통	1인 사용량
18	붓	클렌징,팩용	2개	바디용 불가
19	해면	스폰지, 면타입	1세트	1인 사용량
20	스파튤라		3개	클렌징, 팩용
21	보울(bowl)		3개	클렌징, 팩 등
22	가위	소형	1개	눈썹정리, 제모
23	족집게		1개	눈썹정리, 제모
24	브러시		1개	눈썹정리, 제모
25	눈썹칼	safety razer	1개	눈썹칼
26	거즈		1장	
27	아이패드		2개	거즈, 화장솜 가능
28	나무 스파튤라		1개	제모용
29	부직포	7x20cm	1장	제모용

	지참 공구명	규격	수량	비고
30	장갑	라텍스	1켤레	제모용
31	종이컵	100ml	1개	제모용
32	보관통	컵형	2개	스파튤라, 붓 등
33	보관통	뚜껑형	2개	알코올 솜 등
34	해면볼	소형	1개	
35	바구니		2개	정리용, 사각
36	트레이(쟁반)	소형	1개	습포용
37	효소		1개	파우더형
38	고마쥐		1개	크림형 또는 젤형
39	AHA	함량 10% 이하	1개	액체형
40	스크럽제		1개	크림형 또는 젤형
41	팩	크림타입	1세트	정상, 건성, 지성
42	스킨토너 (화장수)		1개	모든 피부용
43	크림, 오일	매뉴얼테크닉용	1개	모든 피부용
44	탈컴 파우더		1개	제모용
45	진정로션 혹은 젤		1개	제모용
46	영양크림		1개	모든 피부용
47	아이 및 립크림		1개	모든 피부용 (공용 사용 가능)
48	포인트 메이크업 리무버	아이, 립	1개	모든 피부용
49	클렌징 제품	얼굴 등	1개	모든 피부용
50	고무볼	중형	1개	마스크용
51	석고 마스크	파우더 타입	1개	1인 사용량
52	고무 모델링 마스크	파우더 타입	1개	1인 사용량
53	베이스 크림	크림 타입	1개	석고 마스크용
54	모델		1명	

- 타월류의 경우 비슷한 크기이면 가능
- 기타 필요한 재료 지참 가능
- 팩, 마스크, 딥클렌징용 제품을 제외한 모든 화장품은 '모든 피부용'을 지참할 것
- 바구니의 경우 왜건 크기보다 작을 것
- 부직포는 지정된 길이에 맞게 미리 잘라올 것
- 제모용 핫왁스, 왁스워머, 온장고는 시험장에서 제공함

미용사(피부) 수험자 복장 감점 적용범위

구분	기준	감점사항	비고
위생복 (가운)	반팔 흰색	• 민소매형(민소매 + 반팔티 포함) • 긴팔(걷는 것도 포함) • 반팔가운이지만 속티가 길게 나온 경우 • 하얀색 바탕에 검정무늬(단추 포함)	가운의 목깃, 허리부분 길이, 디자인 등은 감점 사항 아님
위생복 (하의)	흰색 긴바지	• 검정색, 회색, 아이보리, 베이지 등의 유색 하의 • 긴바지가 아닌 하의(반바지, 스타킹, 츄리닝, 레깅스 등) • 색줄 혹은 색무늬 있는 하의 • 기타 흰색 외 색상	하의의 종류, 재질 및 디자인은 구분하지 않음
마스크	흰색	• 청색(하늘색 포함) • 미착용 • 흰색 외 색상	청색은 비표식 개념(수험자 재료목록 기재사항)
신발	흰색 실내화	• 실내화가 아닌 신발(일반운동화, 구두 등 실외에서 착용하는 신발 등) • 샌들 형, 슬리퍼 형 • 뒤가 터져 있는 간호사 신발 • 선명하고 확실하게 구분되는 두꺼운 줄 및 무늬가 있는 신발 • 기타 흰색 외 색상 • 상표, 유색 테두리 허용	신발 앞 혹은 뒤가 터져 있는 경우 샌들 혹은 슬리퍼 형으로 간주
티셔츠	흰색	• 흰색을 제외한 유색 티셔츠 (가운 밖으로 노출되는 경우) • 목 전체를 덮은 폴라티	비표식 개념
양말	흰색	• 흰색 외 색상(표시가 나는 유색 스타킹 등도 포함) • 양말을 안 신은 경우(맨발) 감점 • 표시가 나지 않는 스타킹 허용 • 상표, 유색 테두리 허용	복식은 흰색으로 통일, 유색은 비표식 개념
두발		• 머리띠, 머리망, 머리핀 등의 머리 고정용품 • 반지, 귀걸이 등 액세서리 착용 시 감점	색상 제한 없음

WHAT'S ON THIS BOOK?

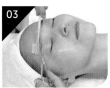

16

미용사(피부) 실기시험
과제구성

01 미용사(피부) 과제 유형 (2시간 15분)

과제 유형	제1과제 얼굴 관리	제2과제 팔·다리 관리	제3과제 림프 관리
세부과제	① 관리계획표 작성(10분) ② 클렌징(15분) ③ 눈썹정리(5분) ④ 딥클렌징(10분) – 효소, 고마쥐, 스크럽, AHA(아하) ⑤ 매뉴얼테크닉(15분) ⑥ 팩(10분) ⑦ 마스크 및 마무리(20분) – 고무 모델링 마스크, 석고 마스크	① 팔 관리(10분) ② 다리 관리(15분) ③ 제모(10분)	림프 관리
작업시간	1시간 25분	35분	15분
배점	60점	25점	15점

※ 제1과제 중 ④ 딥클렌징은 효소, 고마쥐, 스크럽, AHA(아하) 중 1가지 타입이 지정됩니다.
　제1과제 중 ⑦ 마스크는 고무모델링 마스크와 석고 마스크 중 1가지 타입이 지정됩니다.

02 과제별 작업범위

	과제별 구분	작업범위
1과제	딥클렌징	얼굴
	마스크	얼굴, 턱밑(목 경계부위까지)
	클렌징, 팩, 매뉴얼테크닉	얼굴, 목, 데콜테
2과제	팔 관리	오른쪽 팔
	다리 관리	오른쪽 다리(서혜부 제외)
	제모	좌·우 팔 또는 다리 중 제모하기 적합한 부위
3과제	림프 관리	얼굴, 목

03 감점 및 주의사항

(1) 채점 대상에서 제외되는 경우
- 시험 전체 과정을 응시하지 않은 경우
- 시험 도중 시험실을 무단이탈하는 경우
- 부정한 방법으로 타인의 도움을 받거나 타인의 시험을 방해하는 경우
- 무단으로 모델을 수험자간에 교환하는 경우
- 국가기술자격법상 국가기술자격 검정에서의 부정행위 등을 하는 경우
- 수험자가 위생복을 착용하지 않은 경우
- 모델이 가운을 미착용한 경우(여성 : 속가운, 남성 : 반바지)
- 모델 조건에 부적합한 경우
- 주요 화장품을 대부분 덜어서 온 경우

(2) 시험 응시가 제외되는 경우
- 모델을 데려오지 않은 경우

(3) 0점 처리 되는 경우
- 마스크 작업 시 마스크 종류 및 순서가 틀린 경우(예 : 팩과 마스크의 순서를 바꿔서 작업한 경우 등)
- 지압 및 강한 두드림 등 안마행위를 하는 경우
- 눈썹과 체모가 없는 경우

(4) 감점 대상
- 복장상태, 사전 준비상태가 미흡한 경우
- 모델이 가운을 미착용한 경우(여성 : 겉가운, 남성 : 흰색 반팔 티셔츠)
- 관리 범위를 지키지 않는 경우(관리 범위 중 일부를 하지 않거나 범위를 벗어나는 것 모두 해당)
- 작업순서를 지키지 않는 경우
- 눈썹을 사전에 모두 정리를 해서 오는 경우
- 필요한 기구 및 재료를 시험 도중에 꺼내는 경우

피부미용
위생관리

01 피부미용실 위생관리

① 피부미용실에서 고객 접객 및 피부관리 시 내부의 모든 것들이 청결하고 위생적이어야 하며, 정리 · 정돈이 잘 되어 있어야 한다.
② 심신의 안정을 취할 수 있도록 편안하고 안락한 분위기가 마련되어야 한다.
③ 환기 시설이 잘 되어 있어야 한다.
④ 냉난방 시설을 갖추어야 한다.
⑤ 75룩스 이상의 간접조명이 되어 있어야 한다.
⑥ 방음 시설이 잘 되어 있어야 한다.
⑦ 냉 · 온수를 사용할 수 있어야 한다.
⑧ 뚜껑이 있는 휴지통이 비치되어 있어야 한다.
⑨ 사용하는 기구와 비품들은 자비 소독법, 자외선 소독기, 고압 멸균기 등으로 살균 · 소독한다.
⑩ 기기의 부품과 브러시 등은 사용 후 중성 세제로 세척하여 자외선 소독기에 넣는다.

02 피부미용 비품 위생관리

① 소독 물품을 목적에 따라 분류하여 놓는다.
② 끓는 물에 삶는다.
③ 면봉이나 솜으로 소독한다.
④ 화장품 용기 및 웨건을 소독제로 닦는다.
⑤ 사용한 기기나 기구를 소독제로 닦아 놓는다.
⑥ 손 소독제를 준비한다.
⑦ 타월 및 터번은 끓는 물에 삶아서 사용한다.

03 피부미용사 위생관리

① 구취나 체취가 나지 않도록 청결함을 유지한다.
② 관리 전후 수시로 손을 씻어서 청결을 유지한다.
③ 관리 전후 비누 또는 뿌리는 알코올이나 알코올 솜으로 손을 소독한다.
④ 관리 중 전화를 받거나 다른 물건을 만지는 경우 반드시 소독을 하고 다시 관리한다.
⑤ 손톱은 짧고 끝이 매끄럽게 정돈되어야 하고 색깔 있는 네일 에나멜을 바르지 않는다.
⑥ 복장, 언어, 표정 등 청결하고 단정한 이미지를 유지한다.

Chapter
01

얼굴관리 **FACE**
TREATMENT

1. 관리계획표 작성
2. 클렌징
3. 눈썹정리
4. 딥클렌징
5. 매뉴얼 테크닉
6. 팩
7. 마스크 및 마무리

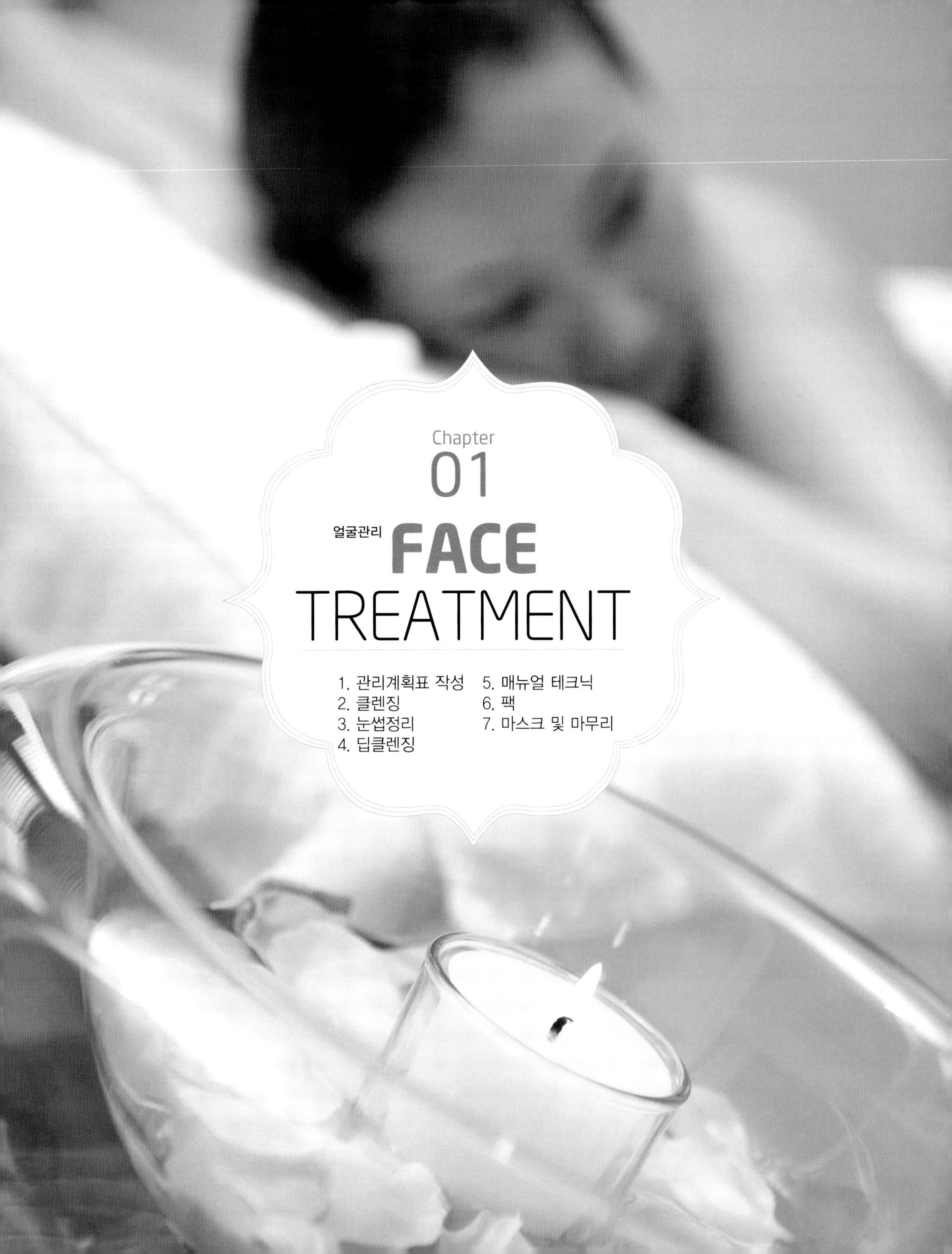

Course Preview

과제 01 얼굴 관리

딥클렌징은 아하, 효소, 고마쥐, 스크럽 중 한 가지 타입이 지정됩니다.
아래 표는 제1과제 얼굴관리의 과제별 주요 과정을 비교 · 정리한 것이므로 충분히 숙지하시기 바랍니다.

1 관리계획표 작성 : 10min

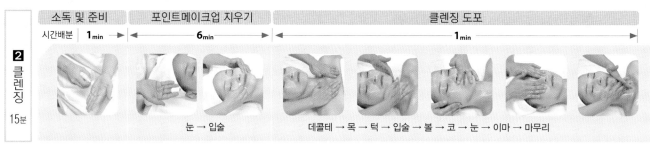

	소독 및 준비	포인트메이크업 지우기	클렌징 도포
	시간배분 **1**min	**6**min	**1**min

2 클렌징 15분

눈 → 입술

데콜테 → 목 → 턱 → 입술 → 볼 → 코 → 눈 → 이마 → 마무리

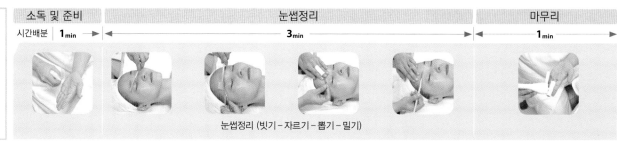

	소독 및 준비	눈썹정리	마무리
	시간배분 **1**min	**3**min	**1**min

3 눈썹정리 5분

눈썹정리 (빗기 – 자르기 – 뽑기 – 밀기)

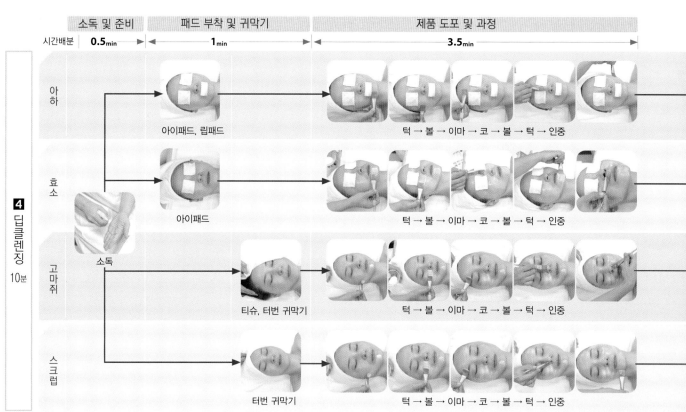

	소독 및 준비	패드 부착 및 귀막기	제품 도포 및 과정
	시간배분 **0.5**min	**1**min	**3.5**min

4 딥클렌징 10분

아하

아이패드, 립패드

턱 → 볼 → 이마 → 코 → 볼 → 턱 → 인중

효소

아이패드

턱 → 볼 → 이마 → 코 → 볼 → 턱 → 인중

소독

고마쥐

티슈, 터번 귀막기

턱 → 볼 → 이마 → 코 → 볼 → 턱 → 인중

스크럽

터번 귀막기

턱 → 볼 → 이마 → 코 → 볼 → 턱 → 인중

클렌징 본동작	티슈	해면	온습포	토너정리
2min	0.5min	1min	2min	1.5min

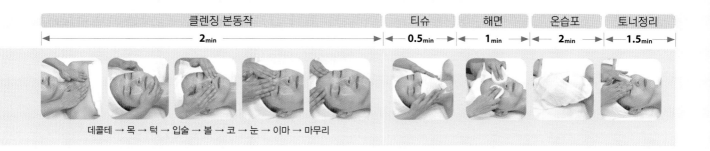

데콜테 → 목 → 턱 → 입술 → 볼 → 코 → 눈 → 이마 → 마무리

해면	습포	토너정리
1min	2min	2min

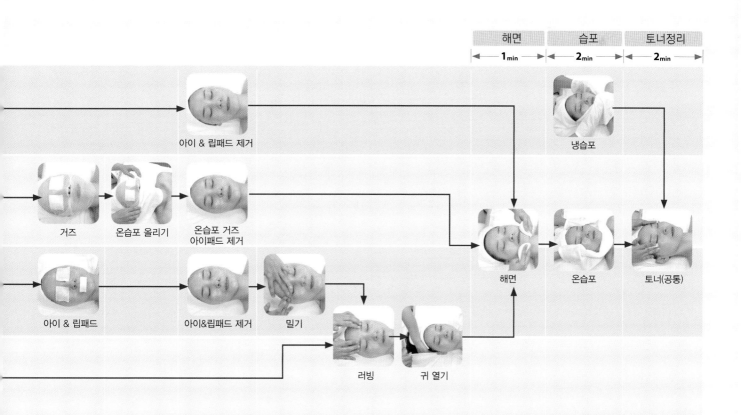

아이 & 립패드 제거

냉습포

거즈   온습포 올리기   온습포 거즈 아이패드 제거

아이 & 립패드   아이&립패드 제거   밀기

러빙   귀 열기

해면   온습포   토너(공통)

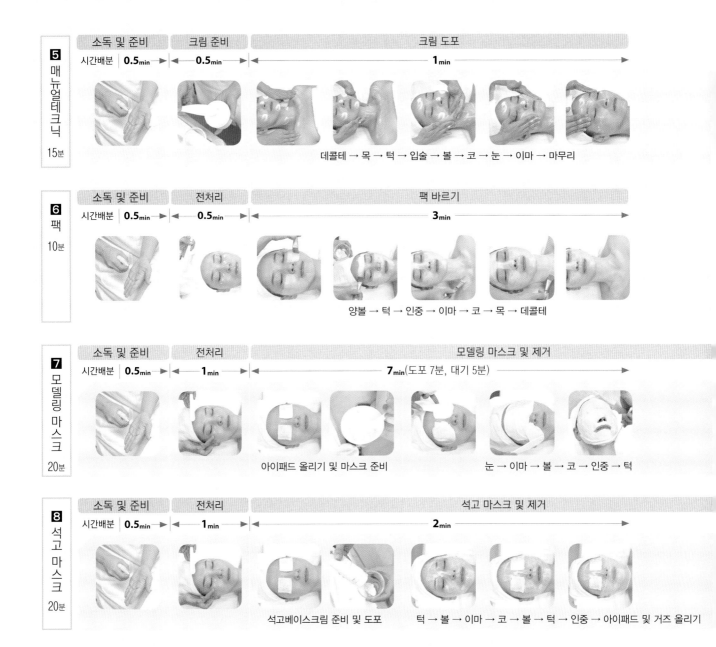

5 매뉴얼테크닉 15분

소독 및 준비	크림 준비	크림 도포
시간배분 0.5min	0.5min	1min

데콜테 → 목 → 턱 → 입술 → 볼 → 코 → 눈 → 이마 → 마무리

6 팩 10분

소독 및 준비	전처리	팩 바르기
시간배분 0.5min	0.5min	3min

양볼 → 턱 → 인중 → 이마 → 코 → 목 → 데콜테

7 모델링 마스크 20분

소독 및 준비	전처리	모델링 마스크 및 제거
시간배분 0.5min	1min	7min(도포 7분, 대기 5분)

아이패드 올리기 및 마스크 준비 　　　눈 → 이마 → 볼 → 코 → 인중 → 턱

8 석고 마스크 20분

소독 및 준비	전처리	석고 마스크 및 제거
시간배분 0.5min	1min	2min

석고베이스크림 준비 및 도포 　　　턱 → 볼 → 이마 → 코 → 볼 → 턱 → 인중 → 아이패드 및 거즈 올리기

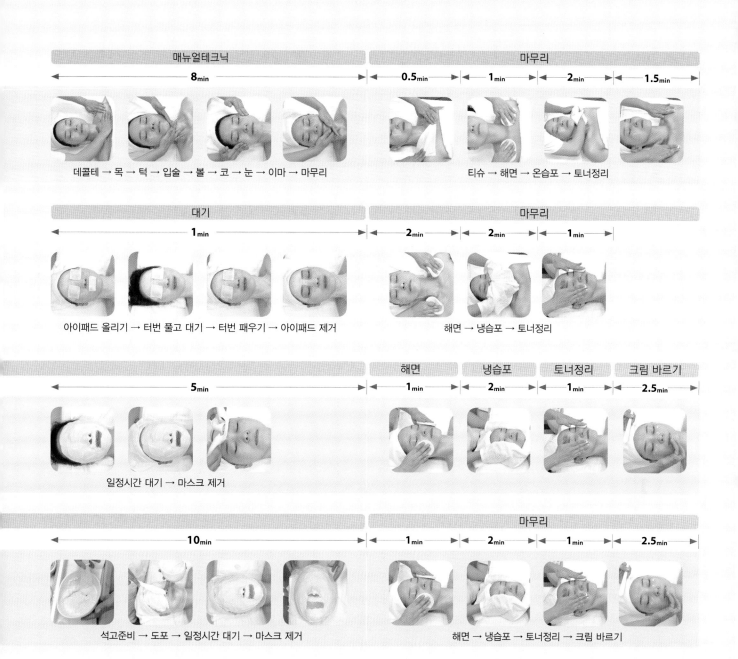

매뉴얼테크닉					마무리			
8min					0.5min	1min	2min	1.5min

데콜테 → 목 → 턱 → 입술 → 볼 → 코 → 눈 → 이마 → 마무리

티슈 → 해면 → 온습포 → 토너정리

대기				마무리		
1min				2min	2min	1min

아이패드 올리기 → 터번 풀고 대기 → 터번 패우기 → 아이패드 제거

해면 → 냉습포 → 토너정리

		해면	냉습포	토너정리	크림 바르기
5min		1min	2min	1min	2.5min

일정시간 대기 → 마스크 제거

		마무리			
10min		1min	2min	1min	2.5min

석고준비 → 도포 → 일정시간 대기 → 마스크 제거

해면 → 냉습포 → 토너정리 → 크림 바르기

얼굴관리 시험 개요

▣ 실기시험문제 요구사항

아래 과정에 따라 모델에게 피부미용 작업을 실시하시오.

작업순서	작업명	요구내용	시간	비고
1	관리계획표 작성	제시된 피부타입 및 제품을 적용한 피부관리 계획을 작성하시오.	10분	
2	클렌징	지참한 제품을 이용하여 포인트 메이크업을 지우고 관리범위를 클렌징 한 후, 코튼 또는 해면을 이용하여 제품을 제거하고, 피부를 정돈하시오.	15분	도포 후 문지르기는 2~3분 정도 유지하시오.
3	눈썹정리	족집게와 가위, 눈썹칼을 이용하여 얼굴형에 맞는 눈썹모양을 만들고, 보기에 아름답게 눈썹을 정리하시오.	5분	눈썹을 뽑을 때 감독확인 하에 작업하시오.(한쪽 눈썹에만 시행)
4	딥클렌징	스크럽, AHA, 고마쥐, 효소의 4가지 타입 중 지정된 제품을 이용하여 얼굴에 딥클렌징 한 후, 피부를 정돈하시오.	10분	제시된 지정타입만 사용하시오.
5	손을 이용한 관리 (매뉴얼테크닉)	화장품(크림 혹은 오일타입)을 관리부위에 도포하고, 적절한 동작을 사용하여 관리한 후, 피부를 정돈하시오.	15분	
6	팩	팩을 위한 기본 전처리를 실시한 후, 제시된 피부타입에 적합한 제품을 선택하여 관리부위에 적당량을 도포하고, 일정시간 경과 뒤 팩을 제거한 후, 피부를 정돈하시오.	10분	팩을 도포한 부위는 코튼으로 덮지 마시오.
7	마스크 및 마무리	마스크를 위한 기본 전처리를 실시한 후, 지정된 제품을 선택하여 관리부위에 작업하고, 일정시간 경과 뒤 마스크를 제거한 다음 피부를 정돈한 후 최종마무리와 주변 정리를 하시오.	20분	제시된 지정마스크만 사용하시오.

▢ 과제개요

작업시간	배점	관리범위		
		딥클렌징	마스크	클렌징, 매뉴얼테크닉, 팩
1시간 25분	60점	얼굴	얼굴 + 목 경계	얼굴 + 데콜테(가슴 제외)

▣ 심사기준

구분	관리 계획표	위생 및 준비	마무리	대상 범위	클렌징(15분)			눈썹정리(5분)	
					포인트메이크업	테크닉	마무리	준비	관리과정
배점	5점	8점			8점			5점	

딥클렌징(10분)			매뉴얼테크닉(15분)			팩(10분) · 마스크(20분)		
제품 준비	관리과정	마무리	제품 도포	동작(속도, 리듬, 밀착감, 유연성)	마무리	제품준비	관리과정(방법, 도포량)	마무리
8점			10점			16점		

※ 심사기준은 실제 채점방식과 다를 수 있으나 핵심 요구사항은 유사하므로 참고하시면 도움이 됩니다.

4 심사 포인트

(1) 사전심사

① 클렌징 작업 전, 과제에 사용되는 화장품 및 사용 재료를 관리에 편리하도록 작업대에 정리하였는가?
② 베드는 대형 수건을 미리 세팅하고, 재료 및 도구의 준비, 개인 및 기구 소독을 하였는가?
③ 모델을 관리에 적합하도록 준비하였는가?

(2) 본 심사

작업명	내용
관리계획표 작성	제시된 피부타입 및 제품을 적용한 관리계획표를 제대로 작성하였는가?
클렌징	① 작업 위생 상태는 양호한가? ② 지참한 제품을 이용하여 제대로 포인트 메이크업을 지우고 관리범위를 클렌징하였는가? ③ 코튼 또는 해면을 이용하여 제품을 제대로 제거하였는가? ④ 피부정돈을 제대로 하였는가?
눈썹정리	① 족집게, 가위, 눈썹칼을 이용하여 얼굴형에 맞는 눈썹모양을 만들었는가? ② 보기에 아름답게 눈썹을 정리하였는가?
딥클렌징	① 지정된 제품을 사용하여 제대로 딥클렌징을 하였는가? ② 피부정돈을 제대로 하였는가?
매뉴얼테크닉	① 화장품을 관리부위에 제대로 도포하였는가? ② 부위별로 적절한 동작으로 관리하였는가? ③ 피부정돈을 제대로 하였는가?
팩	① 팩을 위한 기본 전처리를 제대로 하였는가? ② 제시된 피부 타입에 적합한 제품을 선택하여 관리부위에 적당량을 도포하였는가? ③ 팩을 제대로 제거하였는가? ④ 피부정돈을 제대로 하였는가?
마스크 및 마무리	① 마스크를 위한 기본 전처리를 제대로 하였는가? ② 지정된 제품을 선택하여 관리부위에 제대로 작업하였는가? ③ 마스크를 제대로 제거하였는가? ④ 피부정돈을 제대로 하였는가? ⑤ 최종 마무리와 주변 정리를 제대로 하였는가?

사전심사
Pre-evaluation

01 | 수험자 및 모델의 복장

1 수험자

① 상의 : 흰색 반팔 가운(위생복 미착용 시 채점대상에서 제외)

② 하의 : 흰색 긴바지

③ 신발 : 실내화(젤리화, 크록스화, 벨크로형(찍찍이) 형태도 가능)

④ 흰색 마스크 착용할 것

| 기타 주의사항 |
- 머리 장식품(핀 등) 사용 시에는 검은 색 착용
- 복장 등에 소속을 나타내거나 암시하는 표시가 없을 것
- 액세서리 착용 금지
- 눈에 보이는 네일 컬러링, 디자인 등 금지

2 모델

① 화장이 되어 있을 것 : 파운데이션, 마스카라, 아이라인, 아이섀도, 눈썹 및 입술(남자모델의 경우도 동일)

② 관리 대상부위를 제외한 나머지 부위는 노출이 없도록 수건 등으로 덮어둘 것(팔은 노출 가능)

③ 팩과 딥클렌징 제품을 제외한 화장품은 어느 한 피부 타입에만 특화되지 않고 모든 피부 타입에 사용해도 괜찮은 타입(올 스킨타입 혹은 범용)을 사용할 것

④ 여성 수험자는 여성 모델을, 남성 수험자는 남성 모델을 대동할 것

⑤ 가운 미착용 시 채점대상에서 제외(여성 : 속가운, 남성 : 반바지)

⑥ 눈에 보이는 표식(네일 컬러링, 디자인 등)이 없을 것, 액세서리 착용 금지

| 모델 기준 |
▶ 만 14세 이상의 신체 건강한 남녀로 아래의 조건에 해당되지 않는 자
- 심한 민감성 피부 혹은 심한 농포성 여드름 등 피부관리에 적합하지 않은 피부질환을 가진 자
- 성형수술(코, 눈, 턱윤곽술, 주름제거 등)을 한 지 6개월 이내인 자
- 호흡기 질환, 민감성 피부, 알레르기 등이 있는 자
- 임신부, 정신질환자

3 베드 세팅

① 베드 위에 대타월 1장을 깔고 그 위에 모델 덮는 용도의 대타월 1장을 깐다.

② 모델 머리 쪽에 소타월 1장과 터번을 깐다.

③ 데콜테 부위에 소타월 1장을 덮는다.

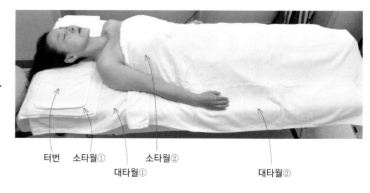

터번 소타월① 소타월② 대타월① 대타월②

4 작업대 세팅

왜건

- 위생봉투(투명비닐)를 투명테이프를 사용하여 왜건에 부착한다.
- 왜건 상단, 중단, 하단에 타월을 깔고 재료를 세팅한다.
- 바구니는 왜건의 크기보다 작은 것을 준비한다.
- 팩, 마스크, 딥클렌징용 제품을 제외한 화장품은 모든 피부용으로 준비할 것
- 해면과 코튼은 반드시 새것을 사용한다.
- 온습포는 과제당 6매까지 온장고 보관 가능하며, 비닐팩(지퍼백)에 비번호 기재 후 보관한다.

| 작업대 세팅 시 감점요인 |
- 필요한 준비물이 모두 세팅되어 있지 않을 때
- 불필요한 도구 및 재료가 세팅되어 있을 때

| 작업대 세팅 시 주의사항 |
- 대형 및 중형 타월은 필요한 만큼만 사용할 것 (소형 타월은 필요 시 추가 사용 가능)
- 부직포는 지정된 길이(7×20cm)에 맞게 미리 잘라올 것 (2과제)

상단

❶ 중성팩 ❷ 건성팩 ❸ 지성팩 ❹ 석고 베이스크림 ❺ 영양크림 ❻ 립&아이 크림 ❼ 진정젤 ❽ 오일 ❾ 토너 ❿ 클렌징로션 ⓫ 포인트메이크업 리무버 ⓬ 고마쥐 ⓭ 스크럽 ⓮ 소독제 ⓯ AHA(아하) ⓰ 매뉴얼테크닉 크림 ⓱ 유리볼(3개) ⓲ 알코올 솜통 ⓳ 젖은 솜통 ⓴ 효소파우더 ㉑ 스파출라(大 2, 小 1) ㉒ 팩브러시(2~3개) ㉓ 눈썹칼 가위, 족집게, 눈썹브러시 ㉔ 면봉 ※ 볼펜

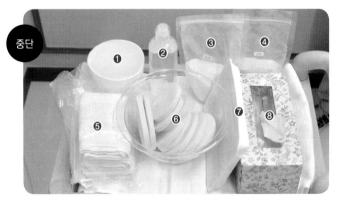

중단

❶ 고무볼 ❷ 정제수 ❸ 석고팩 ❹ 고무팩 ❺ 냉타월 3개 ❻ 해면(12~16개) 및 해면볼 ❼ 쟁반 ❽ 티슈
※ 스파출라, 팩브러시, 유리볼 여유분

하단

❶ 바구니 ❷ 보관통

관리계획표 작성

NCS 학습모듈

01 | 학습 목표 및 평가 준거

1. 고객의 피부상태에 따라 유형별 피부관리계획을 작성할 수 있다.
2. 피부관리계획에 따라 적합한 피부관리 제품을 결정할 수 있다.
3. 고객의 상품선택을 위하여 피부관리 상품을 설명하고 추천할 수 있다.

02 | 평가자 체크리스트

평가항목	성취수준		
	상	중	하
고객의 유형에 맞는 피부 관리 구분 능력			
고객의 피부관리 제품을 유형에 맞게 추천하기			
피부관리 상품 설명하기			

03 | 작업장 평가

평가항목	성취수준		
	상	중	하
고객의 유형에 맞는 프로그램 추천하기			
고객의 피부 유형별로 제품 선별하기			
화장품을 피부 유형별로 설명하기			

피부 유형별 특징

(1) 건성 피부

- 피지선의 기능 저하와 한선 및 보습 능력의 저하로 인하여 유분 함량과 수분 함유량이 부족하다.
- 유분이 부족하여 피부의 수분을 보유하지 못하고, 피부가 당기는 느낌이 있다.
- 피부가 얇고, 피부결이 섬세하며, 모공의 크기가 작다.
- 잔주름이 쉽게 생기고, 노화 현상이 급격히 나타난다.
- 수분이 부족하여 각질이 쉽게 들뜬다.
- 순환이 어렵고 탄력이 없으며 세안 후 매우 당기고 건조하다.

(2) 정상 피부(중성 피부)

- 가장 이상적 피부로 유·수분 밸런스가 맞다.
- 탄력이 좋고 윤기가 흐른다.
- 피부 결이 섬세하고, 톤이 맑으며, 주름이 거의 보이지 않는다.
- 기미, 주근깨 잡티 등 색소침착이 없다.
- 혈액 순환이 좋아 피부색이 맑다.
- 모공이 작고 피부가 촉촉하고 부드럽다.

(3) 지성 피부

- 피지선의 기능이 비정상적으로 항진되어 피지가 과다하게 분비되는 피부 타입을 의미한다.
- 각질층의 피부가 두껍고 피부결이 곱지 않다.
- 여드름이 발생하기 쉬운 피부이다.
- 모공이 넓다.
- 건성 피부에 비하여 잔주름은 없으나 주름이 생기기 시작하면 깊고 굵은 주름이 생기기 쉽다.
- 화장이 잘 지워진다.
- 피부가 칙칙하고 색소 침착이 빠르다.
- 남성 호르몬(안드로겐)이 과다하게 배출되거나, 여성 호르몬인 프로게스테론(황체 호르몬) 기능이 활발하다.

(4) 복합성 피부

- 얼굴 부위에 각기 다른 피부 유형이 공존하는 피부 타입을 의미한다.
- T-존은 지성 또는 여드름 피부, U-존은 건성 또는 민감성을 나타내는 피부 유형이 많으며 U-존은 지성 T-존은 건성인 경우도 있다.

피부 유형별 관리 목적 및 제품 선택 및 홈케어

1. 피부 유형별 관리 목적 및 제품 선택

	건성 피부	중성 피부	지성 피부
관리 목적	피지선과 한선의 기능을 강화시켜 피부 보호막이 상실되지 않도록 하며, 표피의 보습 기능을 강화시켜 유·수분 공급으로 피부의 균형을 되찾아준다. 피부탄력을 회복하고 잔주름을 예방한다.	피부 보호 기능의 저하를 최소화하고, 피부의 보습을 유지한다. 영양을 충분히 공급하여 건강한 피부를 유지한다.	모공 속 피지와 노폐물을 제거하여 여드름을 예방하고, 피지를 조절한다.
제품 선택	보습 앰플(히알루론산, 콜라겐 등), 영양 앰플(필수 지방산, 비타민 A, 비타민 E 등)	피부 보호 성분 중 천연보습인자가 함유된 제품을 사용하여 피부 보습 유지 및 노화 방지에 주력한다.	보습 전용 에센스로 수분을 공급한다.

2. 피부 유형별 홈 케어 조언

	건성 피부	중성 피부	지성 피부
아침	① 세안 시 미지근한 물로 가벼운 물세안 ② 건성 피부용 스킨 로션 + 보습 및 보호 크림 + 자외선 차단제	① 세안 시 클렌저를 사용하지 않고 미지근한 물로 세안 ② 토너 사용 후 눈 주변에 젤 타입의 아이 제품 도포 ③ 보습용 에센스를 얼굴 및 목 전체에 도포 ④ 보습 크림을 얼굴 및 목 전체에 도포한 후 자외선 차단제로 마무리	① 세안 시 젤 타입의 클렌징으로 세안 ② 수렴 화장수로 피지와 모공에 긴장감 부여 ③ 알로에 젤, 피지 조절 크림으로 적절한 수분 공급 ④ 자외선 차단제 마무리로 피부 손상 방지
저녁	① 보습 효과가 뛰어난 에센스 및 크림을 얼굴 및 목 전체에 도포	① 세안 시 젤 클렌저로 피부 불순물 제거 ② 주 1회 도포형 효소 클렌저를 이용하여 각질 정리 ③ 토너 사용 후 눈 주변에 아이 크림 도포 ④ 보습용 에센스를 얼굴 및 목 전체에 도포 ⑤ 보습 크림을 얼굴 및 목 전체에 도포	① 세안 시 폼 클렌징으로 세안(2중 세안) ② 수렴 화장수와 수분 크림을 얼굴 및 목 전체에 도포

3. 기타

• 건성 – 무알코올 스킨 로션 사용 권장, 격주 1회 딥클렌징
• 중성 – 보습용 스킨 로션 사용 권장, 주 1회 딥클렌징
• 지성 – 유분이 많은 제품은 삼간다. 주 1~2회 딥클렌징

[관리계획표 작성 문제지]

국가기술자격 실기시험문제

자격종목	미용사(피부)	세부과제명	관리계획표 작성

※ 문제지는 시험종료 후 반드시 반납하시기 바랍니다.
※ 시험시간 : 2시간 15분
        − 1과제 세부과제 : 10분

※ 아래 예시에서 주어진 조건에 맞는 관리계획표를 작성하시오.

1. 얼굴의 피부 타입은 팩 사용의 부위별 피부 타입을 기준으로 결정하시오.
  (단, T-존과 U-존의 피부 타입만으로 판단하며, 피부의 유·수분 함량을 기준으로 한 타입(건성, 중성(정상), 지성, 복합성)만으로 구분하시오.

2. 팩 사용을 위한 부위별 피부 상태(타입)
 • T-존 :

 • U-존 :

 • 목 부위 :

3. 딥클렌징 사용제품 :

4. 마스크 :

※ 기타 유의사항
1) 관리계획표상의 클렌징, 매뉴얼테크닉용 화장품은 본인이 시험장에서 사용하는 제품의 제형을 기준으로 하시오.

※ 필기도구는 흑색 볼펜을 사용하여 작성하고, 수정 시 두 줄로 긋고 다시 작성한다.

관리계획 차트(Care Plan Chart)

비번호		형별	시험일자 20 . . . (부)

관리목적 및 기대효과	관리목적	
	기대효과	

<table>
<tr><td>클렌징</td><td>□ 오일   □ 크림   □ 밀크/로션   □ 젤</td></tr>
<tr><td>딥클렌징</td><td>□ 고마쥐(Gommage)   □ 효소(Enzyme)   □ AHA   □ 스크럽</td></tr>
<tr><td>매뉴얼테크닉 제품타입</td><td>□ 오일   □ 크림</td></tr>
<tr><td>손을 이용한 관리형태</td><td>□ 일반   □ 림프</td></tr>
</table>

팩	T 존 :	□ 건성타입 팩 □ 정상타입 팩 □ 지성타입 팩
	U 존 :	□ 건성타입 팩 □ 정상타입 팩 □ 지성타입 팩
	목 부위 :	□ 건성타입 팩 □ 정상타입 팩 □ 지성타입 팩

마스크	□ 석고 마스크 □ 고무모델링 마스크

고객 관리 계획	1주 :
	2주 :

자가관리 조언 (홈케어)	제품을 사용한 관리 :
	기타 :

우측 설명:

• 피부 유형별 특징을 숙지하여 피부 타입을 정확하게 판단할 수 있어야 한다.
• 문제지에 제시된 T존과 U존의 피부 상태를 파악하여 피부 타입별 관리목적과 기대효과에 대해 간략하게 서술한다.
※ 모범답안 참고할 것

수험자가 준비한 클렌징 제품 타입에 체크한다. '밀크/로션'에 체크하면 된다.

문제지에 제시된 딥클렌징 종류에 체크한다.

수험자가 준비한 매뉴얼테크닉 제품 타입에 체크한다. '크림'에 체크하면 된다.

얼굴관리에 대한 작성이므로 '일반'에 체크하면 된다.

문제지에 제시된 피부 상태를 분석하여 피부 유형에 맞는 팩에 체크한다.

문제지에 제시된 마스크 종류에 체크한다.

• 피부 유형에 맞게 향후 주 단위로 관리계획을 작성한다.
• 클렌징 제품, 딥클렌징 제품, 매뉴얼테크닉, 팩 제품(T존/U존), 피부 관리 마무리 시 도포할 제품에 관한 사항을 작성한다.
• 마스크에 대한 사항은 작성하지 않는다.
※ 모범답안 참고할 것

• 피부 유형에 맞는 제품 사용을 위주로 간단·명료하게 작성한다.
• 홈 케어 시 주의해야 할 점을 간단하게 작성한다.
※ 모범답안 참고할 것

01

※ 관리계획표는 요구하는 피부 타입에 맞추어 시험장에서의 관리를 기준으로 하시오.
※ 고객관리계획은 향후 주단위의 관리 계획을, 자가관리 조언은 가정에서의 제품 사용을 위주로 간단하고 명료하게 작성하며 수정 시 두 줄(=)로 긋고 다시 작성하거나 수정테이프(수정액 제외)를 사용하여 정정하시오.
※ 체크하는 부분은 추가 되는 하나만 하시오.
※ 고객관리 계획에서 마스크에 대한 사항은 제외하며, 마무리에 대한 사항은 작성하시오.
※ 향후 관리는 총 기간을 2주로 하고 각 주관리에 대한 내용을 기술 예시) 클렌징 → 딥 클렌징(효소, 고마쥐, 스크럽, AHA 중 택 1) → 매뉴얼 테크닉 → 크림 팩(제품 타입, 제품 성분 등 표기) → 크림(제품 타입, 제품 성분 등 표기)
※ 관리계획표 작성 시 유색 필기구, 연필류, 지워지는 펜 등을 사용하는 경우 해당 항목 0점 처리

[모범답안]

① 건성피부

관리목적 및 기대효과	관리목적	건성피부로서 수분과 피지 분비가 부족한 피부이므로 피지선을 자극하여 피지선의 기능을 항진시키고 보습과 영양공급을 꾸준히 하여 유·수분 밸런스를 정상화하여 촉촉하고 탄력있는 피부로 관리하는데 목적이 있다.
	기대효과	수분이 부족하므로 보습과 영양관리로 피부의 탄력 부여와 잔주름 예방효과를 기대할 수 있고 피지선 기능을 회복시켜 촉촉하고 윤기있는 피부를 만들 수 있다.
고객 관리 계획		1주 : 클렌징 → 딥클렌징(효소) → 매뉴얼테크닉 → 팩(건성용 세라마이드 팩) → 　　　크림(아이크림 및 히알루론산 수분 크림)
		2주 : 클렌징 → 딥클렌징(고마쥐) → 매뉴얼테크닉 → 팩(건성용 콜라겐 팩) → 크림(아이크림 및 레티놀 탄력 크림)
자가관리 조언 (홈케어)		제품을 사용한 관리 : • 아침 : 미온수 세안 → 유연화장수 → 아이크림 → 수분에센스 → 데이크림 → 자외선차단제 사용 • 저녁 : 클렌징로션 권장, 미온수 세안 → 유연화장수 → 아이크림 → 수분에센스 → 나이트크림 및 탄력크림
		기타 : • 격주 1회의 딥클렌징(효소 또는 크림타입), 영양팩 위주로 주 1회 이상 해준다. • 자외선차단 제품 사용, 충분한 수면, 수분섭취 권장, 단백질, 비타민 A·E 섭취

② 중성피부

관리목적 및 기대효과	관리목적	정상피부로서 수분과 피지 분비 밸런스가 좋고 매끄러우며 탄력있는 피부이다. 현재 피부상태를 유지·관리하는 것에 목적이 있으며, 색소침착 방지 및 유·수분 밸런스가 깨지지 않도록 주의한다.
	기대효과	수분과 영양을 충분히 공급하여 피부의 탄력을 유지 및 노화방지 효과를 기대할 수 있으며, 색소침착 방지 및 잔주름 예방 등의 효과를 기대할 수 있다.
고객 관리 계획		1주 : 클렌징 → 딥클렌징(효소) → 매뉴얼테크닉 → 팩(중성용 해초 추출물 팩) → 　　　크림(아이크림 및 세라마이드 수분 크림)
		2주 : 클렌징 → 딥클렌징(스크럽) → 매뉴얼테크닉 → 팩(중성용 비타민 팩) → 　　　크림(아이크림 및 히알루론산 수분 크림)
자가관리 조언 (홈케어)		제품을 사용한 관리 : • 아침 : 미온수 세안 → 수렴화장수 → 아이크림 → 수분에센스 → 데이크림 → 자외선차단제 사용 • 저녁 : 클렌징로션, 미온수 세안 → 유연화장수 → 아이크림 → 수분에센스 → 나이트크림 및 수분크림
		기타 : • 주 1회 딥클렌징, 보습팩 위주로 주 1회 이상 해준다. • 자외선 차단제품 사용, 충분한 수면, 수분섭취 권장, 단백질, 비타민 A, E 섭취

③ 지성피부

관리목적 및 기대효과	관리목적	지성피부로서 과잉피지 분비로 인해 모공이 넓고 번들거리며 거친 피부이므로 모공관리와 피부 트러블 예방관리에 중점을 두고 노화된 각질을 제거해 피부 정화 및 보습관리에 목적을 둔다.
	기대효과	모공 속 피지와 노폐물을 제거하여 여드름 및 피부 트러블 예방 효과를 볼 수 있으며 피부 pH밸런스 조절 및 모공수축 효과와 충분한 보습으로 촉촉하고 탄력있는 피부를 기대할 수 있다.
고객 관리 계획		1주 : 클렌징 → 딥클렌징(AHA) → 매뉴얼테크닉 → 팩(지성용 클레이 팩) → 크림(아이크림 및 알로에베라 진정 크림)
		2주 : 클렌징 → 딥클렌징(효소) → 매뉴얼 테크닉 → 팩(지성용 비타민 팩) → 크림(아이크림 및 세라마이드 수분 크림)
자가관리 조언 (홈케어)		제품을 사용한 관리 : • 아침 : 클렌징 젤 또는 미온수 세안 → 수렴화장수 → 아이크림 → 수분에센스 → 오일프리 데이크림 → 자외선차단제 사용 • 저녁 : 클렌징 로션 및 폼클렌징(이중세안) → 수렴화장수 → 아이크림 → 수분에센스 → 피지조절크림 또는 수분크림
		기타 : • 주 1~2회의 딥클렌징, 청정 및 보습팩 위주로 주 1회 이상 해준다. • 자외선 차단제품 사용, 충분한 수면, 수분섭취 권장, 단백질, 비타민 E, B 섭취

④ 복합성 피부 (예 T존 - 지성, U존 - 건성)

관리목적 및 기대효과	관리목적	복합성피부로서 T존은 지성피부로 피지조절 등의 정화관리에 중점을 두고, U존은 건성피부로 보습과 영양관리에 목적을 두어 전체적으로 유·수분 밸런스를 맞추어 주어 탄력있고 윤기있는 관리를 하는데 목적을 둔다.
	기대효과	지성인 T존은 청정관리를 통해 맑고 산뜻한 피부와 트러블 예방 효과를 기대할 수 있고, 건성인 U존은 영양공급을 통해 탄력 부여 효과를 주어 전체적으로 밸런스를 맞추어 건강한 피부를 기대할 수 있다.
고객 관리 계획		1주 : 클렌징 → 딥클렌징(T존-AHA / U존-효소) → 매뉴얼테크닉 → 　　　팩(T존 - 지성용 클레이 팩 / U존 - 건성용 시어버터 팩) → 크림(아이크림 및 세라마이드 수분 크림)
		2주 : 클렌징 → 딥클렌징(효소) → 매뉴얼테크닉 → 팩(T존-지성용 알로에베라 팩 / U존-건성용 히알루론산 팩) → 　　　크림(아이크림 및 콜라겐 탄력 크림)
자가관리 조언 (홈케어)		제품을 사용한 관리 : • 아침 : 미온수 세안 → 모든 피부용 화장수 → 아이크림 → 수분에센스 → 수분크림 → 자외선차단제 사용 • 저녁 : 클렌징로션(이중세안-T존 위주) → T존(수렴), U존(유연) 화장수 → 아이크림 → 수분에센스 → 　T존 : 피지조절크림 및 수분크림, U존 : 영양크림 및 수분크림
		기타 : • 주 1~2회(T존 위주), 격주 1회(U존) 딥클렌징, 보습팩 위주로 주 1회 이상 해준다. • 자외선 차단제품 사용, 충분한 수면, 수분섭취 권장, 단백질 · 비타민 고루 섭취

[작성 예 1] – 건성피부 (T존, U존이 건성인 경우)

국가기술자격 실기시험문제

자격종목	미용사(피부)	세부과제명	관리계획표 작성

※ 문제지는 시험종료 후 반드시 반납하시기 바랍니다.
※ 시험시간 : 2시간 15분
　　　　　 - 1과제 세부과제 : 10분

※ 아래 예시에서 주어진 조건에 맞는 관리계획표를 작성하시오.

1. 얼굴의 피부 타입은 팩 사용의 부위별 피부 타입을 기준으로 결정하시오.
   (단, T-존과 U-존의 피부 타입만으로 판단하며, 피부의 유ㆍ수분 함량을 기준으로 한 타입(건성, 중성(정상), 지성, 복합성)만으로 구분하시오.

   건성

2. 팩 사용을 위한 부위별 피부 상태(타입)
   • T-존 : 육안으로 보기에 피부결이 부드럽고 얇아 보이며, 수분 함유량이 10% 이하이다.

   • U-존 : 소구와 소릉의 높이차가 거의 없으며 모공이 보이지 않고 매끈해 보이나 잔주름이 있다.

   • 목 부위 : 탄력이 떨어지고 약간의 주름이 보이며, 윤기가 없다.

3. 딥클렌징 사용제품 : 고마쥐

4. 마스크 : 석고

※ 기타 유의사항
1) 관리계획표상의 클렌징, 매뉴얼테크닉용 화장품은 본인이 시험장에서 사용하는 제품의 제형을 기준으로 하시오.

관리계획차트(Care Plan Chart)

비번호		형별		시험일자 20 . . .(부)

관리목적 및 기대효과	관리목적	건성피부로서 수분과 피지 분비가 부족한 피부이므로 피지선을 자극하여 피지선의 기능을 항진시키고 보습과 영양공급을 꾸준히 하여 유·수분 밸런스를 정상화하여 촉촉하고 탄력있는 피부로 관리하는데 목적이 있다.
	기대효과	수분이 부족하므로 보습과 영양관리로 피부의 탄력 부여와 잔주름 예방효과를 기대할 수 있고 피지선 기능을 회복시켜 촉촉하고 윤기있는 피부를 만들 수 있다.

클렌징	□ 오일 □ 크림 ☑ 밀크/로션 □ 젤
딥클렌징	☑ 고마쥐(Gommage) □ 효소(Enzyme) □ AHA □ 스크럽
매뉴얼테크닉 제품타입	□ 오일 ☑ 크림
손을 이용한 관리형태	☑ 일반 □ 림프

팩	T 존 :	☑ 건성타입 팩 □ 정상타입 팩 □ 지성타입 팩
	U 존 :	☑ 건성타입 팩 □ 정상타입 팩 □ 지성타입 팩
	목 부위 :	☑ 건성타입 팩 □ 정상타입 팩 □ 지성타입 팩

마스크	☑ 석고 마스크 □ 고무모델링 마스크

고객 관리 계획	1주 : 클렌징 → 딥클렌징(효소) → 매뉴얼테크닉 → 팩(건성용 세라마이드 팩) → 크림(아이크림 및 히알루론산 수분 크림) 2주 : 클렌징 → 딥클렌징(고마쥐) → 매뉴얼테크닉 → 팩(건성용 콜라겐 팩) → 크림(아이크림 및 레티놀 탄력 크림)

자가관리 조언 (홈케어)	제품을 사용한 관리 : • 아침 : 미온수 세안 → 유연화장수 → 아이크림 → 수분에센스 → 데이크림 → 자외선차단제 사용 • 저녁 : 클렌징로션 권장, 미온수 세안 → 유연화장수 → 아이크림 → 수분에센스 → 나이트크림 및 탄력크림
	기타 : • 격주 1회 정도의 딥클렌징(효소 또는 크림타입), 영양팩 위주로 주 1회 이상 해준다. • 자외선차단 제품 사용, 충분한 수면, 수분섭취 권장, 단백질 · 비타민 A · E 섭취

※ 관리계획표는 요구하는 피부 타입에 맞추어 시험장에서의 관리를 기준으로 하시오.
※ 고객관리계획은 향후 주단위의 관리 계획을, 자가관리 조언은 가정에서의 제품 사용을 위주로 간단하고 명료하게 작성하며 수정 시 두 줄(=)로 긋고 다시 작성하거나 수정테이프(수정액 제외)를 사용하여 정정하시오.
※ 체크하는 부분은 추가 되는 하나만 하시오.
※ 고객관리 계획에서 마스크에 대한 사항은 제외하며, 마무리에 대한 사항은 작성하시오.
※ 향후 관리는 총 기간을 2주로 하고 각 주관리에 대한 내용을 기술 예시) 클렌징 → 딥 클렌징(효소, 고마쥐, 스크럽, AHA 중 택 1) → 매뉴얼 테크닉 → 크림 팩(제품 타입, 제품 성분 등 표기) → 크림(제품 타입, 제품 성분 등 표기)
※ 관리계획표 작성 시 유색 필기구, 연필류, 지워지는 펜 등을 사용하는 경우 해당 항목 0점 처리

[작성 예 2]- 중성(정상)피부 (T존, U존이 중성(정상)인 경우)

국가기술자격 실기시험문제

자격종목	미용사(피부)	세부과제명	관리계획표 작성

※ 문제지는 시험종료 후 반드시 반납하시기 바랍니다.
※ 시험시간 : 2시간 15분
         - 1과제 세부과제 : 10분

※ 아래 예시에서 주어진 조건에 맞는 관리계획표를 작성하시오.

1. 얼굴의 피부 타입은 팩 사용의 부위별 피부 타입을 기준으로 결정하시오.
   (단, T-존과 U-존의 피부 타입만으로 판단하며, 피부의 유·수분 함량을 기준으로 한 타입(건성, 중성(정상), 지성, 복합성)만으로 구분하시오.

    중성

2. 팩 사용을 위한 부위별 피부 상태(타입)
   • T-존 : 피부결이 매끄럽고 섬세하다. 주름이나 색소침착이 보이지 않고 윤기가 있다.

   • U-존 : 모공이 보이지 않고 혈액순환이 좋아 피부색이 맑아 보인다.

   • 목 부위 : 주름이 없고 결이 고와 탄력이 느껴진다.

3. 딥클렌징 사용제품 : 효소

4. 마스크 : 모델링

※ 기타 유의사항
1) 관리계획표상의 클렌징, 매뉴얼테크닉용 화장품은 본인이 시험장에서 사용하는 제품의 제형을 기준으로 하시오.

관리계획 차트(Care Plan Chart)

비번호		형별		시험일자 20 . . .(부)

관리목적 및 기대효과	관리목적	정상피부로서 수분과 피지 분비 밸런스가 좋고 매끄러우며 탄력있는 피부이다. 현재 피부상태를 유지, 관리하는 것에 목적이 있으며, 색소침착 방지 및 유 · 수분 밸런스가 깨지지 않도록 주의한다.
	기대효과	수분과 영양을 충분히 공급하여 피부의 탄력을 유지 및 노화방지 효과를 기대할 수 있으며, 색소침착 방지 및 잔주름 예방 등의 효과를 기대할 수 있다.

클렌징	□ 오일　□ 크림　☑ 밀크/로션　□ 젤
딥클렌징	□ 고마쥐(Gommage)　☑ 효소(Enzyme)　□ AHA　□ 스크럽
매뉴얼테크닉 제품타입	□ 오일　☑ 크림
손을 이용한 관리형태	☑ 일반　□ 림프

팩	T 존 :	□ 건성타입 팩　☑ 정상타입 팩　□ 지성타입 팩
	U 존 :	□ 건성타입 팩　☑ 정상타입 팩　□ 지성타입 팩
	목 부위 :	□ 건성타입 팩　☑ 정상타입 팩　□ 지성타입 팩

마스크	□ 석고 마스크　☑ 고무모델링 마스크

고객 관리 계획	1주 : 클렌징 → 딥클렌징(효소) → 매뉴얼테크닉 → 팩(중성용 해초 추출물 팩) → 　　　크림(아이크림 및 세라마이드 수분 크림) 2주 : 클렌징 → 딥클렌징(스크럽) → 매뉴얼테크닉 → 팩(중성용 비타민 팩) → 　　　크림(아이크림 및 히알루론산 수분 크림)

자가관리 조언 (홈케어)	제품을 사용한 관리 : • 아침 : 미온수 세안 → 수렴화장수 → 아이크림 → 수분에센스 → 데이크림 → 자외선차단제 사용 • 저녁 : 클렌징로션, 미온수 세안 → 유연화장수 → 아이크림 → 수분에센스 → 나이트크림 및 수분크림 기타 : • 주 1회의 딥클렌징, 보습팩 위주로 주 1회 이상 사용한다. • 자외선차단 제품 사용, 충분한 수면, 수분섭취 권장, 단백질 · 비타민 A · E 섭취

※ 관리계획표는 요구하는 피부 타입에 맞추어 시험장에서의 관리를 기준으로 하시오.
※ 고객관리계획은 향후 주단위의 관리 계획을, 자가관리 조언은 가정에서의 제품 사용을 위주로 간단하고 명료하게 작성하며 수정 시 두 줄(=)로 긋고 다시
　작성하거나 수정테이프(수정액 제외)를 사용하여 정정하시오.
※ 체크하는 부분은 추가 되는 하나만 하시오.
※ 고객관리 계획에서 마스크에 대한 사항은 제외하며, 마무리에 대한 사항은 작성하시오.
※ 향후 관리는 총 기간을 2주로 하고 각 주관리에 대한 내용을 기술　예시) 클렌징 → 딥 클렌징(효소, 고마쥐, 스크럽, AHA 중 택 1) → 매뉴얼 테크닉 →
　크림 팩(제품 타입, 제품 성분 등 표기) → 크림(제품 타입, 제품 성분 등 표기)
※ 관리계획표 작성 시 유색 필기구, 연필류, 지워지는 펜 등을 사용하는 경우 해당 항목 0점 처리

[작성 예 3] – 지성피부 (T존, U존이 지성인 경우)

국가기술자격 실기시험문제

자격종목	미용사(피부)	세부과제명	관리계획표 작성

※ 문제지는 시험종료 후 반드시 반납하시기 바랍니다.
※ 시험시간 : 2시간 15분
       – 1과제 세부과제 : 10분

※ 아래 예시에서 주어진 조건에 맞는 관리계획표를 작성하시오.

1. 얼굴의 피부 타입은 팩 사용의 부위별 피부 타입을 기준으로 결정하시오.
  (단, T-존과 U-존의 피부 타입만으로 판단하며, 피부의 유 · 수분 함량을 기준으로 한 타입(건성, 중성(정상), 지성, 복합성)만으로 구분하시오.

  지성

2. 팩 사용을 위한 부위별 피부 상태(타입)
  • T-존 : 세안 후 당김이 없고 피지막 형성이 빠르며, 코 부위에 블랙헤드가 보인다.

  • U-존 : 피부결이 거칠고 각질층이 두꺼우며, 볼 주위에 굵고 깊은 주름이 있다.

  • 목 부위 : 윤기가 흐르고 탄력이 있으며, 피지 분비가 많다.

3. 딥클렌징 사용제품 : AHA

4. 마스크 : 모델링

※ 기타 유의사항
1) 관리계획표상의 클렌징, 매뉴얼테크닉용 화장품은 본인이 시험장에서 사용하는 제품의 제형을 기준으로 하시오.

관리계획 차트(Care Plan Chart)

비번호		형별	시험일자 20 . . . (부)

관리목적 및 기대효과	관리목적	지성피부로서 과잉피지 분비로 인해 모공이 넓고 번들거리며 거친 피부이므로 모공관리와 피부 트러블 예방관리에 중점을 두고 노화된 각질을 제거해 피부 정화 및 보습관리에 목적을 둔다.
	기대효과	모공 속 피지와 노폐물을 제거하여 여드름 및 피부 트러블 예방 효과를 볼 수 있으며 피부 pH밸런스 조절 및 모공수축 효과와 충분한 보습으로 촉촉하고 탄력있는 피부를 기대할 수 있다.

클렌징	□ 오일　　□ 크림　　✔밀크/로션　　□ 젤
딥클렌징	□ 고마쥐(Gommage)　　□ 효소(Enzyme)　✔AHA　　□ 스크럽
매뉴얼테크닉 제품타입	□ 오일　　✔크림
손을 이용한 관리형태	✔일반　　□ 림프

팩	T 존　: □ 건성타입 팩　　□ 정상타입 팩　　✔지성타입 팩
	U 존　: □ 건성타입 팩　　□ 정상타입 팩　　✔지성타입 팩
	목 부위 : □ 건성타입 팩　　□ 정상타입 팩　　✔지성타입 팩

마스크	□ 석고 마스크　　✔고무모델링 마스크

고객 관리 계획	1주 : 클렌징 → 딥클렌징(AHA) → 매뉴얼 테크닉 → 팩(지성용 클레이 팩) → 크림(아이크림 및 알로에베라 진정 크림) 2주 : 클렌징 → 딥클렌징(효소) → 매뉴얼 테크닉 → 팩(지성용 비타민 팩) → 크림(아이크림 및 세라마이드 수분 크림)

자가관리 조언 (홈케어)	제품을 사용한 관리 : • 아침 : 클렌징 젤 또는 미온수 세안 → 수렴화장수 → 아이크림 → 수분에센스 → 오일프리 데이크림 → 자외선차단제 사용 • 저녁 : 클렌징 로션(이중세안) → 수렴화장수 → 아이크림 → 수분에센스 → 피지조절크림 또는 수분크림
	기타 : • 주 1~2회의 딥클렌징, 청정 및 보습팩 위주로 주 1회 이상 사용한다. • 자외선 차단제품 사용, 충분한 수면, 수분섭취 권장, 단백질 · 비타민 E · B 섭취

※ 관리계획표는 요구하는 피부 타입에 맞추어 시험장에서의 관리를 기준으로 하시오.
※ 고객관리계획은 향후 주단위의 관리 계획을, 자가관리 조언은 가정에서의 제품 사용을 위주로 간단하고 명료하게 작성하며 수정 시 두 줄(=)로 긋고 다시 작성하거나 수정테이프(수정액 제외)를 사용하여 정정하시오.
※ 체크하는 부분은 추가 되는 하나만 하시오.
※ 고객관리 계획에서 마스크에 대한 사항은 제외하며, 마무리에 대한 사항은 작성하시오.
※ 향후 관리는 총 기간을 2주로 하고 각 주관리에 대한 내용을 기술　예시) 클렌징 → 딥 클렌징(효소, 고마쥐, 스크럽, AHA 중 택 1) → 매뉴얼 테크닉 → 크림 팩(제품 타입, 제품 성분 등 표기) → 크림(제품 타입, 제품 성분 등 표기)
※ 관리계획표 작성 시 유색 필기구, 연필류, 지워지는 펜 등을 사용하는 경우 해당 항목 0점 처리

[작성 예 4] – 복합성피부 (T존–지성, U존–건성인 경우)

국가기술자격 실기시험문제

자격종목	미용사(피부)	세부과제명	관리계획표 작성

※ 문제지는 시험종료 후 반드시 반납하시기 바랍니다.
※ 시험시간 : 2시간 15분
        – 1과제 세부과제 : 10분

※ 아래 예시에서 주어진 조건에 맞는 관리계획표를 작성하시오.

1. 얼굴의 피부 타입은 팩 사용의 부위별 피부 타입을 기준으로 결정하시오.
  (단, T–존과 U–존의 피부 타입만으로 판단하며, 피부의 유·수분 함량을 기준으로 한 타입(건성, 중성(정상), 지성, 복합성)만으로 구분하시오.

  복합성

2. 팩 사용을 위한 부위별 피부 상태(타입)
  • T–존 : 과각질화 현상이 있다. 화장이 잘 지워지고 코 위주로 모공이 보인다.

  • U–존 : 여드름 흉터나 잡티가 없고 잔주름이 잘 생기며, 화장 후에 잘 들뜬다.

  • 목 부위 : 유분과 수분의 밸런스가 좋은 편이며, 수분 함유량이 13% 정도이다.

3. 딥클렌징 사용제품 : 스크럽

4. 마스크 : 석고

※ 기타 유의사항
1) 관리계획표상의 클렌징, 매뉴얼테크닉용 화장품은 본인이 시험장에서 사용하는 제품의 제형을 기준으로 하시오.

관리계획 차트(Care Plan Chart)

비번호		형별	시험일자 20 . . . (부)
관리목적 및 기대효과	관리목적	복합성피부로서 T존은 지성피부로 피지조절 등의 정화관리에 중점을 두고, U존은 건성피부로 보습과 영양관리에 목적을 두어 전체적으로 유·수분 밸런스를 맞추어 주어 탄력있고 윤기있는 관리를 하는데 목적을 둔다.	
	기대효과	지성인 T존은 청정관리를 통해 맑고 산뜻한 피부와 트러블 예방 효과를 기대할 수 있고, 건성인 U존은 영양공급을 통해 탄력 부여 효과를 주어 전체적으로 밸런스를 맞추어 건강한 피부를 기대할 수 있다.	

클렌징	□ 오일 □ 크림 ☑밀크/로션 □ 젤
딥클렌징	□ 고마쥐(Gommage) ☑효소(Enzyme) □ AHA □ 스크럽
매뉴얼테크닉 제품타입	□ 오일 ☑크림
손을 이용한 관리형태	☑일반 □ 림프

팩	T 존 : □ 건성타입 팩 □ 정상타입 팩 ☑지성타입 팩
	U 존 : ☑건성타입 팩 □ 정상타입 팩 □ 지성타입 팩
	목 부위 : □ 건성타입 팩 ☑정상타입 팩 □ 지성타입 팩

마스크	☑석고 마스크 □ 고무모델링 마스크

고객 관리 계획	1주 : 클렌징 → 딥클렌징 (T존-AHA / U존-효소) → 매뉴얼 테크닉 → 팩(T존 - 지성용 클레이 팩 / U존 - 건성용 시어버터 팩) → 크림(아이크림 및 세라마이드 수분 크림)
	2주 : 클렌징 → 딥클렌징(효소) → 매뉴얼테크닉 → 팩(T존-지성용 알로에베라 팩 / U존-건성용 히알루론산 팩) → 크림(아이크림 및 콜라겐 탄력 크림)

자가관리 조언 (홈케어)	제품을 사용한 관리 : • 아침 : 미온수 세안 → 모든 피부용 화장수 → 아이크림 → 수분에센스 → 수분크림 → 자외선차단제 사용 • 저녁 : 클렌징로션 → T존(수렴), U존(유연) 화장수 → 아이크림 → 수분에센스 → T존 : 피지조절크림 또는 수분크림, U존 : 영양크림 또는 수분크림
	기타 : • 주 1~2회의 딥 클렌징, 보습팩 위주로 주 1회 이상 사용한다. • 자외선 차단제품 사용, 충분한 수면, 수분섭취 권장, 단백질·비타민 고루 섭취

※ 관리계획표는 요구하는 피부 타입에 맞추어 시험장에서의 관리를 기준으로 하시오.
※ 고객관리계획은 향후 주단위의 관리 계획을, 자가관리 조언은 가정에서의 제품 사용을 위주로 간단하고 명료하게 작성하며 수정 시 두 줄(=)로 긋고 다시 작성하거나 수정테이프(수정액 제외)를 사용하여 정정하시오.
※ 체크하는 부분은 주가 되는 하나만 하시오.
※ 고객관리 계획에서 마스크에 대한 사항은 제외하며, 마무리에 대한 사항은 작성하시오.
※ 향후 관리는 총 기간을 2주로 하고 각 주관리에 대한 내용을 기술 예시) 클렌징 → 딥 클렌징(효소, 고마쥐, 스크럽, AHA 중 택 1) → 매뉴얼 테크닉 → 크림 팩(제품 타입, 제품 성분 등 표기) → 크림(제품 타입, 제품 성분 등 표기)
※ 관리계획표 작성 시 유색 필기구, 연필류, 지워지는 펜 등을 사용하는 경우 해당 항목 0점 처리

FACE TREATMENT 02

클렌징 cleansing

15 min

NCS 학습모듈

01 | 학습 목표 및 평가 준거

1. 얼굴 피부 유형별 상태에 따라 클렌징 방법과 제품을 선택할 수 있다.
2. 눈, 입술 순서로 포인트 메이크업을 클렌징할 수 있다.
3. 얼굴 피부 유형에 맞는 제품과 테크닉으로 클렌징을 적용할 수 있다.
4. 온습포 또는 경우에 따라 냉습포로 닦아내고 토너로 정리할 수 있다.

02 | 평가자 체크리스트

평가항목	성취수준		
	상	중	하
작업 위생 상태			
피부 유형에 맞는 화장품 적용 여부			
클렌징 방법과 테크닉			
온 · 냉습포 사용 여부			
토닉 사용 여부			
포인트 메이크업 클렌징 여부			

03 | 작업장 평가

평가항목	성취수준		
	상	중	하
피부 유형별 클렌징 제품 선택 여부			
포인트 메이크업 클렌징 여부			
얼굴 클렌징 작업			
작업 위생 상태			

세부작업

7min	3min	5min
포인트 메이크업 클렌징 (눈, 입술)	얼굴 전체 클렌징 (도포 동작 + 본 동작)	마무리 (티슈 + 해면 + 온습포 + 토너정리)

도구 및 재료

소독용 알코올, 알코올 솜, 유리볼 2개, 젖은 솜 6장, 면봉 3개, 클렌징로션, 티슈, 해면 2장, 온습포 1개, 토너

본심사

01 | 포인트 메이크업 클렌징 (눈 & 입술)

1 손 소독

사용한 소독솜은 바로 위생봉투에 버린다.

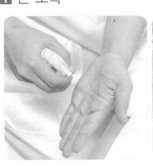 

소독용 알코올 스프레이를 뿌리거나 알코올 솜으로 양 손등, 손바닥 및 손가락 사이사이를 소독한다.
※ 두 가지 소독 방법 중 편한 동작으로 하나만 한다.

2 아이 & 립 리무버 준비

알코올 솜으로 유리볼 소독 후 젖은 솜 6장, 면봉 3개를 넣고 리무버를 골고루 묻힌다.
※ 알코올 솜 및 젖은 솜을 꺼낸 후 솜통 뚜껑은 바로 닫는다.

3 눈 메이크업 지우기

너무 세게 누르지 않도록 주의한다.

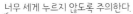

1 양 눈 2장, 입술 1장을 올린 후 약 10초 정도 기다리며 포인트 메이크업을 불린다.

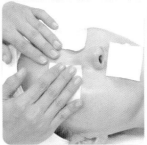 

2 한 손으로 눈썹 앞머리 부분에 텐션을 주고 다른 한 손으로 올려져 있는 화장솜을 안쪽에서 바깥쪽 방향으로 2~3회 닦아준다.

 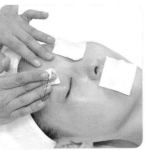

3 화장솜을 반으로 접어서 눈썹을 안쪽에서 바깥쪽 방향으로 1~2회 닦아준다. 이때 너무 세게 누르지 않도록 주의한다.

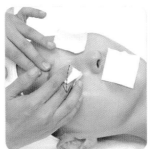 

4 다시 화장솜을 반으로 접어서 눈밑을 안쪽에서 바깥쪽 방향으로 1~2회 닦아준다.
※ 사용한 화장솜은 바로 휴지통에 버린다.

4 마스카라 지우기

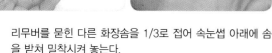
화장솜을 뒤로 1/3을 접어
속눈썹 아래에 받친다.

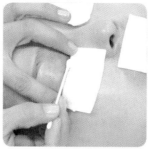
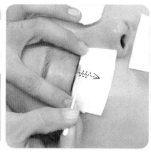

1 리무버를 묻힌 다른 화장솜을 1/3로 접어 속눈썹 아래에 솜을 받쳐 밀착시켜 놓는다.

2 화장솜 양끝을 누르고 리무버를 묻힌 면봉을 위에서 아래로 굴리면서 마스카라를 신속하고 꼼꼼하게 지운다.

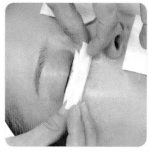
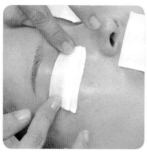
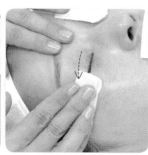

3 면봉 작업이 끝난 후 밑에 받쳐 있던 화장솜으로 눈을 덮어 살짝 누르며 안쪽에서 바깥쪽으로 수차례 더 닦아준다. 눈을 살짝 들어 눈 아래 부위도 닦아준다. ※ 반대편 눈도 동일한 과정으로 눈 메이크업을 지워준다.

팁 | 필요하면 화장솜과 면봉을 더 사용한다.

5 립 메이크업 지우기

1 입술 한쪽 부분에 텐션을 주고 다른 한 손으로 올려져있는 화장솜을 살짝 누르며 바깥쪽으로 빼준다.

2 화장솜을 접어가면서 깨끗한 부위를 이용하여 2~3번 정도 반복하여 지워준다.

3 2, 3지를 이용하여 윗입술과 아랫입술을 살짝 벌려주고, 리무버를 적신 새 화장솜을 이용하여 윗입술은 위에서 아래로, 아랫입술은 아래에서 위로 결을 따라 꼼꼼히 지워준다.

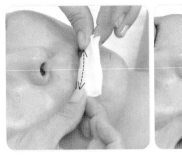

| 감점요인 |
- 아이 & 립 메이크업을 꼼꼼하게 지우지 않았을 때

| Checkpoint |
- 포인트 메이크업으로 주어진 시간을 다 쓰지 않도록 연습을 통해 숙련된 테크닉으로 신속하고 정확하게 작업한다.

4 화장솜을 접어 입술 안쪽을 좌우로 왕복하며 닦아준 후 리무버가 묻은 면봉으로 입술 안쪽과 닦이지 않은 부위를 꼼꼼히 지워주며 묻어나지 않도록 마무리한다.

02 | 클렌징 도포 동작

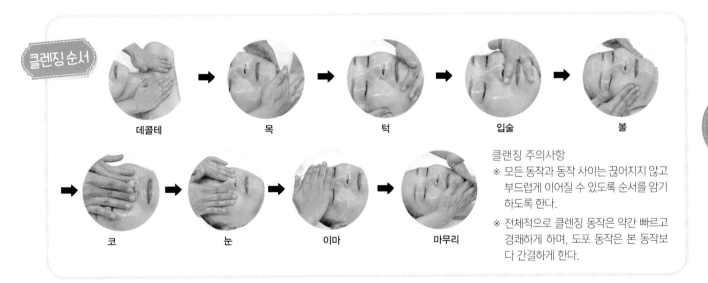

클렌징 순서

데콜테 → 목 → 턱 → 입술 → 볼

→ 코 → 눈 → 이마 → 마무리

클랜징 주의사항

※ 모든 동작과 동작 사이는 끊어지지 않고 부드럽게 이어질 수 있도록 순서를 암기하도록 한다.

※ 전체적으로 클렌징 동작은 약간 빠르고 경쾌하게 하며, 도포 동작은 본 동작보다 간결하게 한다.

1 클렌징 로션 준비하기

시술준비하기

알코올 솜으로 유리볼을 소독한 후 클렌징 로션을 적당히 펌핑한다.

| Checkpoint |
- 도포 동작은 짧고 간결하게 하되 제품이 잘 펴지도록 부드럽고 밀착력 있게 한다.
- 모델의 눈이나 입에 제품이 들어가지 않도록 주의한다.

2 클렌징 로션 도포

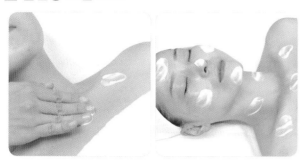

1 클렌징 로션을 데콜테, 목, 턱, 양볼, 코, 이마에 골고루 찍어 놓는다.

2 유리볼에 남은 클렌징 로션은 손으로 덜어서 양손으로 비벼 유화시킨다.

Note
1. 유리볼에 제품이 남지 않도록 양 조절을 잘하도록 한다.
2. 사용한 유리볼은 하단 바구니에 내려놓는다.

3 로션 도포 동작 – 데콜테

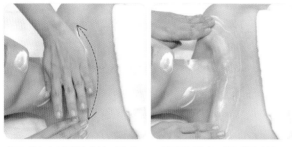

데콜테부터 시작하여 부드럽게 도포 동작을 한다. 데콜테를 양손 교대로 좌우로 쓸어준다.

4 로션 도포 동작 – 목

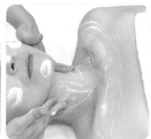

양손 교대로 목을 좌우로 쓸어준다.

5 로션 도포 동작 – 턱

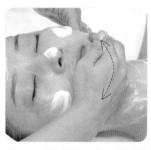

양손 교대로 턱을 좌우로 쓸어준다.

6 로션 도포 동작 – 입술

2, 3지를 벌려 입 주위를 양손 교대로 좌우로 쓸어준다.

7 로션 도포 동작 – 볼

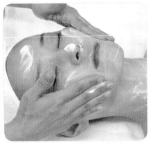

양쪽 볼에 크게 원을 그리며 클렌징 로션을 펴준다.

8 로션 도포 동작 – 코

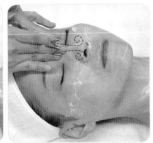

3지를 이용해 콧방울 부위를 굴려주고 코벽은 위, 아래로 쓸어준다.

9 로션 도포 동작 – 눈

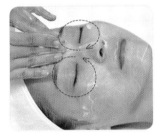

눈썹 앞머리 – 눈썹 끝 – 눈밑 – 눈썹 앞머리 순서로 눈 주위를 가볍게 굴려준다.

10 로션 도포 동작 – 이마

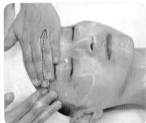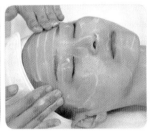

양손 교대로 이마를 좌우로 쓸어준다.

11 로션 도포 동작 – 마무리

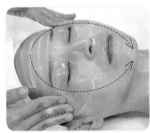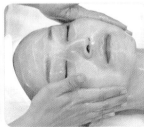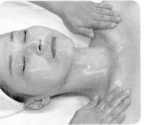

이마 동작을 마친 후 양손을 자연스럽게 얼굴 옆 라인을 쓸며 데콜테로 내려온다.

| Checkpoint |
- 도포 동작은 짧고 간결하게 하되 제품이 잘 펴지도록 부드럽고 밀착력 있게 한다.
- 모델의 눈이나 입에 제품이 들어가지 않도록 주의한다.

1 클렌징 동작 - 데콜테

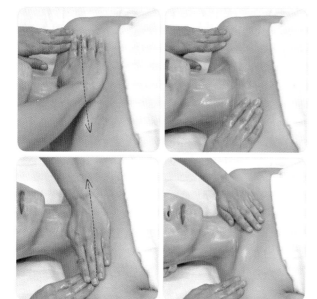

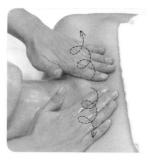

데콜테 라인(décolletée line)
목과 어깨, 쇄골로 이어지는 신체 부위를 말하며, 림프 순환을 촉진하여 얼굴의 붓기를 감소시키고 얼굴톤을 맑게 한다. 마사지는 림프관과 림프절이 있는 부위이며 얼굴에서부터 림프액을 내려 목-어깨-가슴-겨드랑이를 통해 더 아래 그리고 타 조직과 체액을 순환시켜 준다.

1 **좌우 동작** : 양손 교대로 데콜테를 좌우로 쓸어준다.

2 **가운데에서 밖으로** : 중앙에서 바깥쪽으로 나선형으로 굴려준다.

2 클렌징 동작 - 목

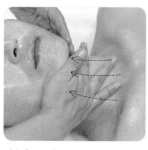

양손을 교대로 밑에서 위로 쓸어 올려주며 좌우로 왕복한다.

3 클렌징 동작 - 턱

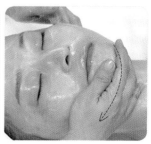

턱선을 기준으로 양손 교대로 좌우로 쓸어준다.

4 클렌징 동작 - 입술

입술을 중심으로 2, 3지를 벌려
양손 교대로 좌우로 쓸어준다.

5 클렌징 동작 – 볼

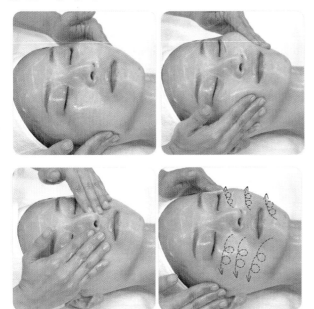

양손으로 양볼을 3등분하여 원 동작으로 부드럽게 문지른다.
※ 3등분 : 턱~귓불, 입꼬리~귀 중앙, 코 옆~관자놀이

6 클렌징 동작 – 코

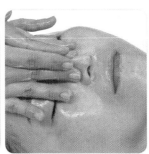

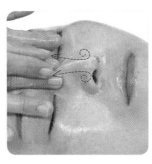

양손의 3, 4지를 이용하여 콧방울에서 원 동작으로 굴려준 후 코벽
위, 아래를 왕복으로 쓸어준다.

7 클렌징 동작 – 눈

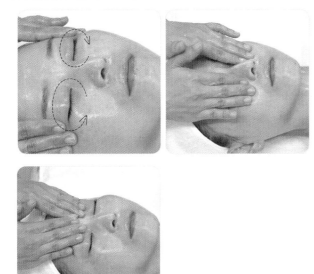

눈 주위를 전체 손마디를 이용하여 원 동작으로 부드럽게 굴려준다.

8 클렌징 동작 – 이마

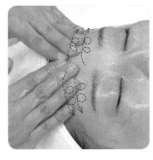

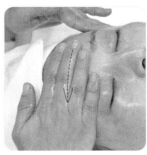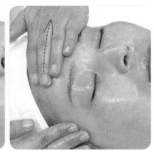

이마 부위를 2등분하여 양손 동시에 중앙에서 바깥쪽으로 나선형으
로 굴려준 후, 양손 교대로 좌우로 쓸어준다.

  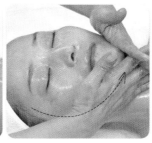

 1. 마른수건 또는 키친타월을 미리 준비
하여 손에 유분기를 제거한 후 마무리
작업을 한다.
2. 터번을 다시 매만지거나 손에 유분감
이 느껴질 때는 수시로 손 소독을 한다.

양손을 자연스럽게 얼굴 옆 라인을 쓸며 턱 중앙에서 손을 빼주며 마무리한다.

04 │ **클렌징 마무리** (티슈 – 해면 – 온습포 – 토너정리)

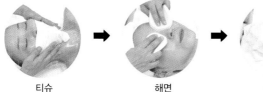 

티슈 ➡ 해면 ➡ 온습포 ➡ 토너정리

① 티슈로 가볍게 눌러주기

❶ 얼굴 티슈 처리

1 티슈를 삼각형 모양으로 접어 코끝을 기준으로 얼굴 위쪽에
티슈를 올린다.

2 중앙에서 바깥쪽으로 쓸어주며 유분기를 흡수시킨다.

 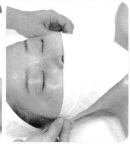  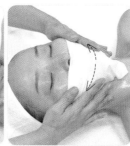

3 티슈를 뒤집어 코
아래쪽에 올리고
같은 동작을 해준다.

❷ 목 티슈 처리

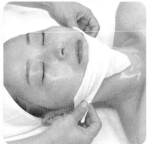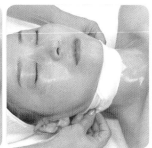

턱 아래와 목 부위에 티슈를 접어가면서 살짝 눌러 유분기를 제거한 후 위생봉투에 버린다.

❸ 데콜테 티슈 처리

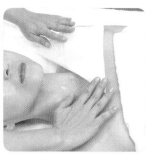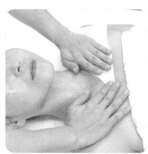

새 티슈를 삼각형 모양으로 접어 데콜테 부위의 오른쪽과 왼쪽에 차례로 올리고 쓸어주며 유분기를 흡수시킨다.

❹ 티슈 마무리

시술준비하기
티슈 손가락에
끼우는 방법

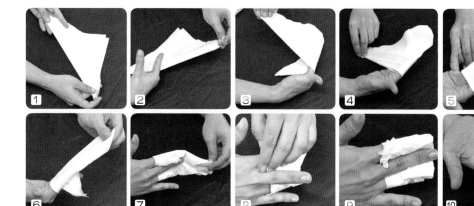

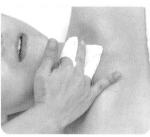

쇄골, 목, 콧방울 부위 등 주름이 접히는 부분을 살짝 눌러 유분기를 흡수시키며 마무리한다.

| Checkpoint |
티슈로 너무 강하게 닦아내지 않도록 한다.

② 해면으로 닦아주기 (순서 : 눈 - 이마 - 코 - 볼 - 인중 - 입 - 턱 - 목 - 데콜테)

❶ 눈 주위 닦기

적당히 적셔진 해면 2장으로 눈 앞쪽에서 바깥쪽으로(눈두덩이, 눈썹, 눈 아래부위) 부드럽게 닦아준다.

※ 손으로 해면을 조금씩 돌려가면서 해면의 가장자리를 고르게 사용한다.

❷ 이마 닦기

 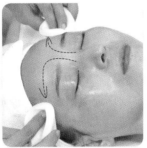

이마 부위를 2~3등분하여 미간에서 올라오면서 중앙에서 바깥쪽으로 닦아준다.

❸ 코 닦기

콧등, 코벽을 골고루 위에서 아래로 교대로 쓸어내리며 닦아준다.

❹ 볼 닦기

 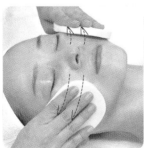 

볼은 2~3등분하여 안쪽에서 바깥쪽으로 부드럽게 닦아준다.

❺ 인중 & 입 닦기

양손 교대로 좌우로 부드럽게 닦아준다.

❻ 턱 닦기

턱선을 기준으로 윗부분과 아랫부분을 양
손 교대로 좌우로 부드럽게 닦아준다.

❼ 목 닦기

 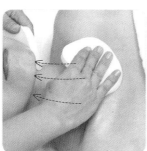 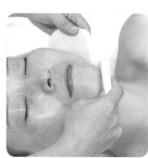

양손 교대로 밑에서 위로 쓸어 올리며 좌
우로 왕복한다.

❽ 데콜테 닦기

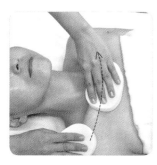 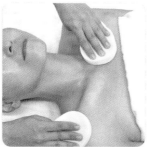 

양손 교대로 좌우로 부드럽게 닦아준다.

➒ 목 한 번 더 닦기

 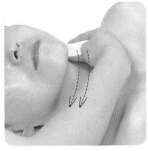 

사용한 면을 서로 맞대어 해면을 합친 후 목 부위를 전체적으로 한 번 더 닦아준다.

➓ 데콜테 한 번 더 닦으며 마무리

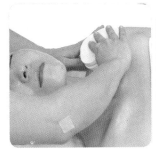 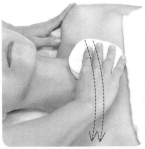 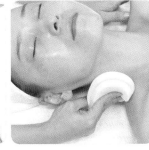 

1 데콜테 부위를 전체적으로 한 번 더 닦아준다.

2 자연스럽게 목옆을 지나 귀에서 마무리한다.
※ 다른 한 쪽은 다른 면으로 9~10회 반복한다.
※ 사용한 해면은 하단에 있는 바구니에 잘 정리한다.

❸ 온습포로 닦아주기 (순서 : 눈 – 이마 – 코 – 볼 – 인중 – 입 – 턱 – 목 – 데콜테)

시술준비하기 – 온습포 준비
쟁반을 들고 온장고에서 본인의 온습포 1개를 가져온다. (비치되어 있는 집게를 이용해 꺼낸다.) 그리고 길게 반이 접힌 온습포의 양 끝을 잡고 손목 안쪽에 대고 온도를 체크한다.

사용한 쟁반은 제자리에 놓는다.

❶ 온습포 올리기

 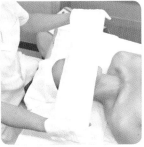 

1 모델의 얼굴 위에서 콧등을 살짝 스치며 상하로 2~3차례 오가며 온도를 느끼게 해준다.

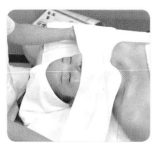 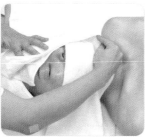 

2 코밑 부분을 기준으로 온습포의 중앙이 오도록 올리고 왼쪽과 오른쪽을 차례로 접어 삼각형 모양을 만든다.

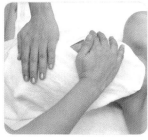 

3 각각 한 손씩 이마와 입, 양볼 부위를 한 차례씩 손바닥으로 가볍게 눌러준다.

❷ 눈 닦기

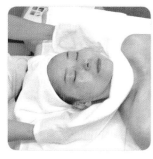 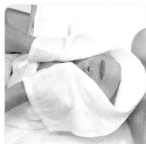 

온습포를 펴서 양끝에서 안쪽으로 손을 넣어 입을 열어준 후, 눈부터 닦아준다.
※ 닦는 부위는 손을 조금씩 중앙 쪽으로 옮기면서 습포를 고르게 사용한다.
※ 닦는 순서는 해면과 동일하다.

❸ 이마 닦기

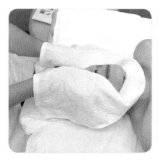 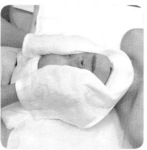 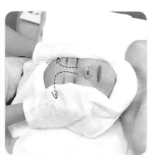

양손 엄지 측면을 이용하여 중앙에서 바깥쪽으로 깨끗이 닦아준다.

❹ 코 닦기

콧구멍 주변도 체크한다.

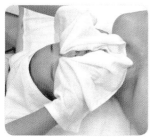 

엄지와 검지를 이용하여 위에서 아래로 꼼꼼히 닦아준다.

❺ 볼 닦기

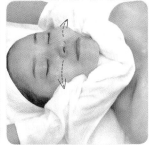

양손 엄지 측면을 이용하여 깨끗이 닦아준다.

❻ 인중 & 입 닦기

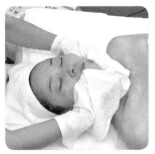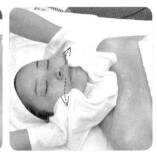

엄지손가락을 이용하여 인중과 입을 꼼꼼히 닦아준다.

❼ 턱 닦기

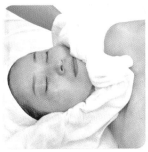

양손 교대로 중앙에서 바깥쪽으로 턱의 윗부분과 아랫부분을 깨끗이 닦아준다.

❽ 목 닦기

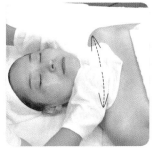

손바닥을 이용하여 교대로 중앙에서 바깥쪽으로 닦아준다.

❾ 온습포 마무리하기

시술 준비하기 - 다리미 모양

손바닥 위에 반을 접은 수건을 올리고 다른 한 손으로 양끝을 잡은 후 양손을 서로 꼬아 다리미 모양의 온습포를 만든다.

1 목 부위를 전체적으로 한 번 더 닦아준다.

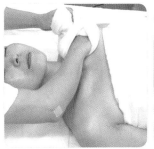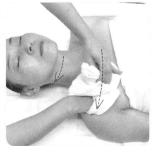

2 데콜테 부위를 전체적으로 한 번 더 닦아준다.

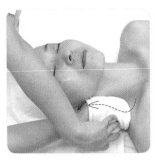

주의사항
온습포를 펴고 접을 때 모델 얼굴에 스치지 않도록 베드 옆쪽에서 하도록 한다.
감점요인
과제를 마친 후 색조 메이크업 잔여물이 나오는 경우

3 자연스럽게 목옆을 지나 쓸어 올리며 귀에서 마무리한다. 다른 한쪽도 동일하게 만들어 마무리 한다. (❶∼❸ 반복)

※ 사용한 온습포는 잘 접어서 하단의 바구니에 가지런히 정리한다.

4 토너로 정리하기 (순서 : 눈 – 이마 – 코 – 볼 – 인중 – 입 – 턱 – 목 – 데콜테)

시술준비하기

젖은 솜 2장에 토너를 펌핑한 후 양손 3지에 한 장씩 끼운다.

❶ 토너 정리 : 눈

눈 부위를 안쪽에서 바깥쪽 방향으로 정리해준다.

❷ 토너 정리 : 이마

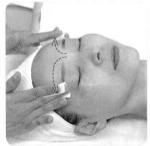

미간에서 올라와 중앙에서 바깥쪽으로 몇 차례 정리해준다.

❸ 토너 정리 : 코

콧등과 코벽을 아래에서 위로 골고루 정리해준다.
※순서는 해면과 동일하다.

❹ 토너 정리 : 볼

안쪽에서 바깥쪽으로 몇 차례에 걸쳐 피부결을 정리해 준다.

❺ 토너 정리 : 인중 & 입

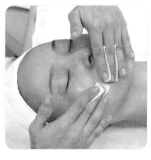

인중과 입을 교대로 좌우로 정리해준다.

❻ 토너 정리 : 턱

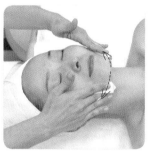

턱의 윗부분과 아랫부분을 교대로 좌우로 정리해준다.

❼ 토너 정리 : 목

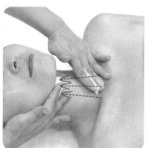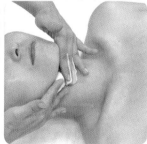

목은 교대로 아래에서 위로 쓸어 올리며 좌우로 정리해준다.

❽ 토너 정리 : 데콜테

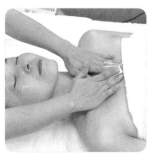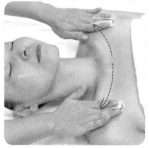

양손 교대로 좌우로 정리해준다.

⊜ 토너 마무리

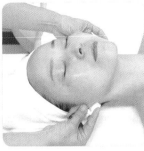

1 데콜테 양끝에서 자연스럽게 어깨와 목옆을 지나 쓸어 올리며 귀에서 마무리한다.

2 손끝으로 얼굴을 가볍게 두드려 흡수시킨다.

3 터번정리 및 주변정리 후 손 소독을 하고 대기한다.

※클렌징 과제 후 잔여물 체크
눈 · 입술(색조화장품 잔여물), 헤어라인, 겨드랑이 부위, 어깨 뒤, 귀 뒤 등의 유분감

주의사항
• 토너 정리는 한 손 관리도 가능하며 한 손씩 할 때는 안면을 반씩 나눠서 정리해준다.
• 관리하는 동안 항상 웨건 상단은 깨끗하게 정리가 되어있어야 한다.
• 모든 관리는 종료 30초~1분 전까지 마무리 및 정리 후 대기한다.
• 모든 작업은 총 시간의 90% 이상을 사용해야 한다.

눈썹정리 eyebrows' shaping

NCS 학습모듈

01 | 학습 목표 및 평가 준거

1. 눈썹정리를 위해 도구를 소독하여 준비할 수 있다.
2. 고객이 선호하는 눈썹형태로 정리할 수 있다.
3. 눈썹정리 후 정리한 부위에 대한 진정관리를 실시할 수 있다.

02 | 평가자 체크리스트

평가항목	성취수준		
	상	중	하
눈썹 수정용 관리 도구의 위생 처리 능력			
얼굴형에 맞는 눈썹 정리 유무			
눈썹 머리, 눈썹 산, 눈썹 꼬리의 위치 설정 여부			
텐션을 주며 털이 난 방향으로 맞게 관리 여부			
눈썹 정리 후 진정 관리 여부			

03 | 작업장 평가

평가항목	성취수준		
	상	중	하
관리사의 복장상태 적합성 여부			
눈썹수정용 관리 도구의 위생적 준비			
얼굴형에 맞는 눈썹 정리 수행			
고객배려를 통한 눈썹정리 수행			

세부작업

1min	**3**min	**1**min
도구소독 & 세팅	눈썹정리 (한쪽만 관리)	진정젤 도포 & 마무리

도구 및 재료

소독용 알코올, 알코올 솜, 젖은 솜, 티슈, 눈썹브러시, 가위, 족집게, 눈썹칼, 진정젤

본심사

01 | 기구소독 및 세팅

1 손 소독

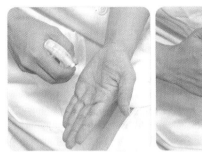

소독용 알코올 스프레이를 뿌리거나 알코올 솜으로 양 손등, 손바닥 및 손가락 사이사이를 소독한다.

2 도구 소독 및 세팅

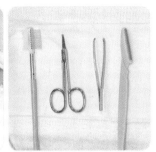

베드 위에 티슈를 깔고 눈썹브러시, 가위, 족집게, 눈썹칼을 소독한 후 차례대로 놓는다.

02 | 눈썹정리 (빗기 – 자르기 – 뽑기 – 밀기)

1 눈썹 부위 소독

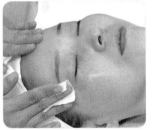

작업하고자 하는 눈썹 한쪽을 알코올 솜으로 닦아준다.

2 눈썹 모양 확인

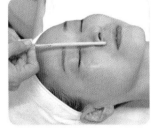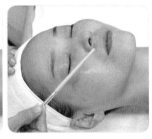

눈썹브러시 손잡이를 이용하여 콧방울에서 눈썹 앞머리, 콧방울에서 눈꼬리를 지나 눈썹 끝부분까지 잰 후 정리할 눈썹 모양을 확인한다.

3 눈썹브러시로 결 정리

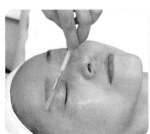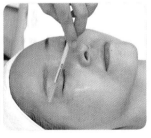

눈썹이 난 방향대로 눈썹 브러시를 이용하여 빗어준다.

핵심 포인트 – 눈썹 정리

기본 눈썹모양은 눈썹 앞머리는 콧방울에서 올라간 자리에서 시작하고, 눈썹 끝은 콧방울에서 눈꼬리를 지나는 선에서 끝난다. 눈썹 앞머리 부분은 가능하면 건드리지 말고 눈썹 끝부분이 지나치게 길거나, 눈썹 앞머리와 끝부분 사이 범위 안에서 눈썹을 기준으로 아래와 윗부분에 지저분하게 나 있는 눈썹(뽑을 눈썹)을 확인하고 정리해 준다.

눈썹정리영역

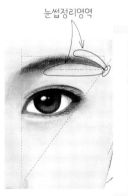

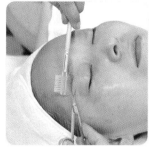
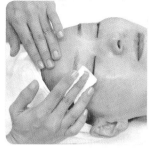

눈썹브러시로 눈썹을 빗으며 지저분하게 나온 끝부분을 가위로 잘라준다.
※ 잘려진 눈썹은 젖은 솜을 이용하여 닦아준다.

5 눈썹 뽑기

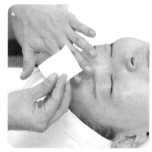

1 젖은 솜 1개를 텐션을 주는 손의 3지나 4지에 감싸준다.

2 다른 손으로 족집게를 들고 뽑을 준비를 한다.

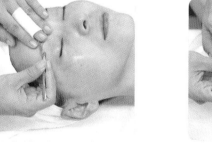

3 감독관 감독하에 텐션을 주면서 불필요한 눈썹을 털이 난 방향대로 신속하게 뽑아 손가락에 감겨있는 젖은 솜에 올려놓는다.

4 연속으로 3개 이상 뽑는다. 눈썹을 올린 솜은 베드에 있는 티슈 위에 올려놓는다.
※ 감독관이 올 때까지 1~2개 뽑으면서 속도 조절을 한다.

6 눈썹 밀기

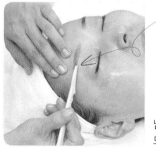

눈썹칼로 눈썹을 밀 때는 가능한 한 눈썹결 반대방향으로 밀어준다.

남은 불필요한 눈썹은 눈썹칼을 이용하여 모델의 눈썹 모양을 크게 벗어나지 않게 정리한다.

03 | 진정젤 도포 및 마무리

1 진정젤 바르기

젖은 솜에 진정젤을 짜서 정리된 눈썹에 발라준다.

2 도구 소독 및 마무리

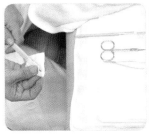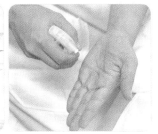

도구들은 다시 소독하여 원위치시키고 주변정리 후 손을 소독하고 대기한다.

주의사항
- 반드시 감독관 확인 및 지시에 따라 눈썹을 뽑는다.
- 눈썹을 뽑을 때는 텐션을 주면서 눈썹이 난 방향으로 재빠르게 뽑아준다.

감점요인
- 눈썹을 사전에 모두 정리해서 오는 경우
- 눈썹이 없는 경우는 0점 처리

FACE TREATMENT 04

딥 클렌징 deep cleansing

NCS 학습모듈

01 | 학습 목표 및 평가 준거

1. 피부 유형별 딥 클렌징 제품을 선택할 수 있다.
2. 선택된 딥 클렌징 제품을 특성에 맞게 적용할 수 있다.
3. 피부미용 기기 및 기구를 활용하여 딥클렌징을 적용할 수 있다.

02 | 평가자 체크리스트

평가항목	성취수준		
	상	중	하
위생적인 딥 클렌징 적용			
피부 유형에 맞게 적용하기			
딥 클렌징 방법과 테크닉			
토닉 사용 여부			
냉 · 온습포 사용 여부			

03 | 작업장 평가

평가항목	성취수준		
	상	중	하
딥 클렌징 과정 실시하기 (효소, 고마지, 스크럽, 아하(AHA) 중 1가지 선택)			
위생상태			
습포 사용 여부			

⚠ 주의사항

1. 주어진 작업 과제에 맞게 제품을 선택하고 특성에 맞게 사용한다.
2. 사용방법에 맞게 위생적으로 정확하게 적용한다.
3. 타월 및 일회용 해면 사용을 올바르게 한다.
4. 잔여물이 남지 않아야 한다.
5. 관리 후 다음 단계를 위한 토닉을 사용해야 한다.

📣 시험개요

1. 딥 클렌징은 총 4가지(효소, 고마쥐, 스크럽, AHA)로 시험당일 작업과제가 주어진다.
2. 수험자는 주어진 과제 하나만 작업하며 부위는 얼굴의 턱선까지 관리한다.

딥클렌징 1 - 효소

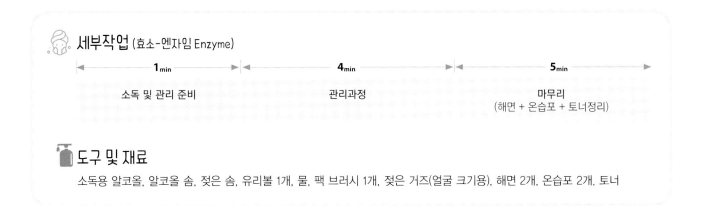

🧑 **세부작업** (효소-엔자임 Enzyme)

1min	4min	5min
소독 및 관리 준비	관리과정	마무리 (해면 + 온습포 + 토너정리)

🧴 **도구 및 재료**

소독용 알코올, 알코올 솜, 젖은 솜, 유리볼 1개, 물, 팩 브러시 1개, 젖은 거즈(얼굴 크기용), 해면 2개, 온습포 2개, 토너

01 | 기구소독 및 세팅

1 손 소독

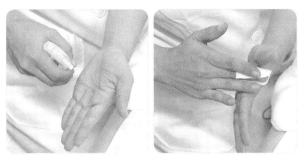

소독용 알코올 스프레이를 뿌리거나 알코올 솜으로 양 손등, 손바닥 및 손가락 사이사이를 소독한다.

2 아이패드 올리기

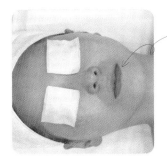

나중에 거즈를 올리므로 립패드는 생략한다.

젖은 솜 2장을 눈에 밀착시켜 올려준다.

3 유리볼 소독 및 효소 개기

사용한 제품 용기는 감독관 심사 대상 이므로 베드 오른쪽에 올려둔다.

효소는 가루를 물에 개어 사용할 수 있는 제품이어야 한다.

효소 가루는 흘러내리지 않을 정도로 갠다.

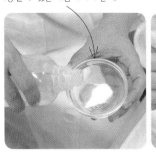

1 알코올 솜을 이용하여 유리 볼을 소독한다.

2 소독한 유리볼에 효소 가 루를 넣는다.

3 적당량의 물을 섞어 팩 브러시를 이용해 갠다.

02 | 효소 바르기

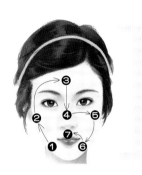

- 얼굴을 세로로 반으로 나눠서 턱 – 볼 – 이마 – 코 – 볼 – 턱 – 인중 순서로 시술한다.
- 편한 방향부터 시작하면 된다.
- 관리 범위를 벗어나지 않도록 주의한다.

1 턱 바르기

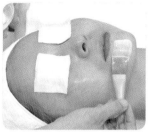 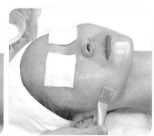

팩 브러시를 이용해 얼굴 턱선까지 신속하고 꼼꼼하게 바른다.

2 볼 바르기

안쪽에서 바깥쪽으로 한쪽 볼을 먼저 발라준다.

3 이마 바르기

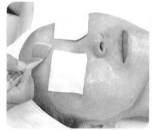 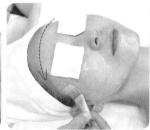

가로 방향으로 이마를 바르면서 관자놀이까지 연결해서 발라준다.

4 코 바르기

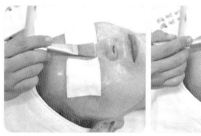 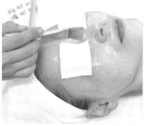

위에서 아래 방향으로 이마에 이어서 콧등, 코벽을 꼼꼼하게 발라준다.

5 볼 바르기

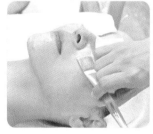 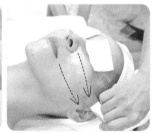

안쪽에서 바깥쪽으로 다른 한쪽 볼을 발라준다.

6 턱 바르기

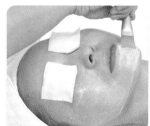 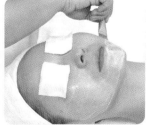

다른 한쪽 턱을 안쪽에서 바깥쪽으로 발라준다.

7 인중 바르기

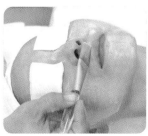 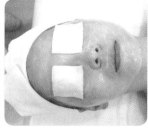

브러시를 세워 인중을 발라준다.(사용한 유리볼과 팩 브러시는 하단에 있는 바구니와 보관통에 내려놓는다.)

03 | 거즈 올리기

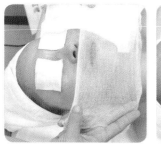 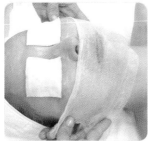  

젖은 거즈를 아래와 위로 나누어 밀착시켜 얼굴을 덮어준다.

거즈는 미리 반으로 잘라서
적신 상태로 준비한다.

04 | 온습포로 올리기

시술준비하기 – 온습포 온도 체크하기

쟁반을 들고 온장고에서 본인의 온습포 1개를 가
져온다. 그리고 길게 반이 접힌 온습포의 양 끝을
잡고 손목 안쪽에 대고 온도를 체크한다.

■ 온습포 올리기 (온 · 습도 유지용)

 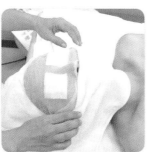  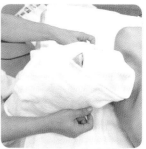

1 모델에게 온도를 느끼게 해 준 후, 3각형 모양으로 코를 제외한 얼굴이 다 덮이도록 보기 좋게 올리고 가볍게 밀착시킨다.

 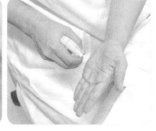

 대기시간은 작업시간에 맞춰 잘 조절한다.

2 1~2분가량 대기하면서 주변 정리와 손 소독을 해준다.

② 온습포, 거즈, 아이패드 제거

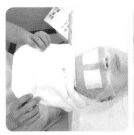 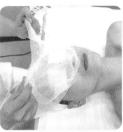 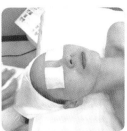  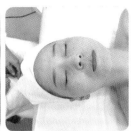

일정시간 후 온습포, 거즈 및 아이패드를 제거하고 온습포는 잘 개서 하단 바구니에 정리한다.
※ 사용한 거즈와 아이패드는 위생봉투에 바로 버린다.

05 | **마무리** (해면 + 온습포 + 토너정리)

① 해면으로 닦아주기

적당히 적신 해면 두 장으로 '눈 – 이마 – 코 – 볼 – 인중 – 입 – 턱' 순서로 닦아준다.

② 온습포로 닦아주기

  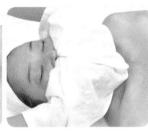 

온장고에서 온습포 1개를 가져온 후 모델 얼굴 위에 올린 뒤 ①과 동일한 순서로 닦아준다.

③ 토너로 정리하기

젖은 솜 2장에 토너를 펌핑한 후 솜을 양손 3지에 한 장씩 끼우고 ①과 동일한 순서로 닦아준다. 손끝으로 가볍게 두드려 흡수시키면서 마무리한다.(주변정리 후 손소독을 하고 대기한다.)

딥클렌징 2 – 고마쥐

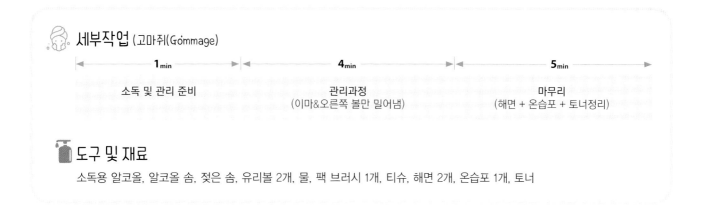

세부작업 (고마쥐(Gommage))

1min	4min	5min
소독 및 관리 준비	관리과정 (이마&오른쪽 볼만 밀어냄)	마무리 (해면 + 온습포 + 토너정리)

도구 및 재료

소독용 알코올, 알코올 솜, 젖은 솜, 유리볼 2개, 물, 팩 브러시 1개, 티슈, 해면 2개, 온습포 1개, 토너

---

01 | 기구소독 및 세팅

1 손 소독

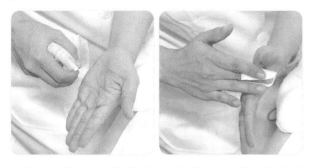

소독용 알코올 스프레이를 뿌리거나 알코올 솜으로 양 손등, 손바닥 및 손가락 사이사이를 소독한다.

2 터번에 티슈 세팅 및 손 소독

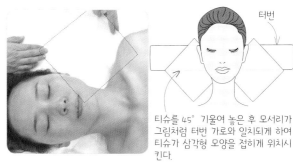

터번

티슈를 45° 기울여 놓은 후 모서리가 그림처럼 터번 가로와 일치되게 하여 티슈가 삼각형 모양을 접히게 위치시킨다.

1 터번을 풀고 바닥에 반듯이 펼친 후 터번 위에 정사각형 티슈를 올려놓는다.

터번 밖으로 나온 티슈는 가지런히 정리한다.

2 터번 위에 끼워진 티슈가 귀 부위를 막도록 터번을 두른다.
  ※ 귀를 막아주는 이유 : 고마쥐를 밀 때 잔여물이 귀나 머리에 들어가는 것을 방지하기 위해 막아 준다.
  ※ 신속하게 작업할 수 있도록 충분히 연습을 한다.

3 터번을 두른 후 다시 손소독을 한다.

③ 유리볼 소독 및 고마쥐 준비하기

알코올 솜으로 유리볼을 소독한다.
※사용한 제품은 베드 위에 올려놓는다.

소독된 유리볼에 고마쥐를 적당량 덜어준다.

02 | 고마쥐 바르기 (순서 : 턱 – 오른쪽 볼 – 이마 – 코 – 왼쪽 볼 – 턱 – 인중)

① 턱 바르기

이마와 오른쪽 볼은 건조 후 밀어야 하므로 먼저 발라준다.

 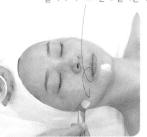

젖은 팩 브러시에 적당량을 묻힌 후 얼굴 턱선까지 너무 두껍지 않게 신속하게 바른다. (여러 번 겹쳐서 바르지 않는다)
※ 브러시를 눕히면 두껍게, 세우면 얇게 발린다.

② 오른쪽 볼 바르기

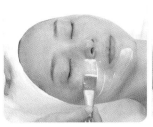 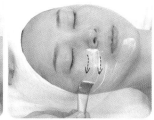

안쪽에서 바깥쪽으로 한쪽 볼을 먼저 발라준다.
※ 눈에 너무 가깝게 바르지 않도록 주의한다.

③ 이마 바르기

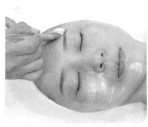 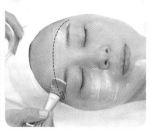

가로방향으로 이마를 바르면서 관자놀이까지 연결해서 발라준다.

④ 코 바르기

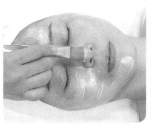 

이마에 이어 코, 콧등, 코벽을 꼼꼼하게 발라준다.

⑤ 왼쪽 볼 바르기

 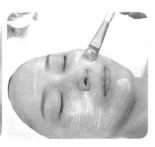

안쪽에서 바깥쪽으로 다른 한쪽 볼을 발라준다.

6 왼쪽 턱 바르기

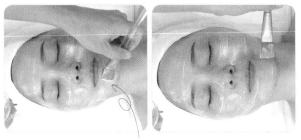

왼쪽 턱을 발라준다.

오른쪽 턱 부분까지 연결해서
발라준다.

7 인중 바르기

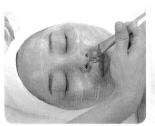

붓을 세워서 가로 또는 세로 방향으로 인중을 발라준다.
※ 사용한 유리볼과 팩 브러시는 하단에 있는 바구니와 보관통에
　 내려놓는다.

03 | 아이 패드 & 립 패드 올리기

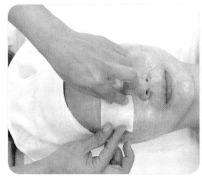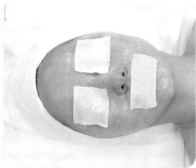

젖은 솜 3장을 눈과 입술에 밀착시켜 올려준 후 1분 정
도 대기한다.
※ 대기시간 동안 주변정리 및 밀기와 러빙 동작을 위
　 한 준비를 한다.

Note 대기시간은 작업시간에 맞춰서 적절히
조절하도록 한다.

04 | 티슈 깔기 및 유리볼에 물 준비하기

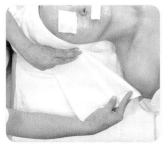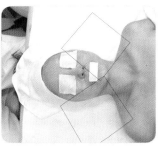

1 고마쥐가 마르는 동안 목 옆 양쪽에 티슈를 한 장씩
　 깔아준다.

2 고마쥐가 마르는 동안 유리볼 소독 후 적당량의 물을 유리볼에
　 덜어 놓는다.
※ 마무리 시간이 부족하지 않도록 시간 조절에 신경쓰도록 한다.

05 | 아이 & 립 패드 제거

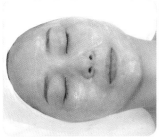 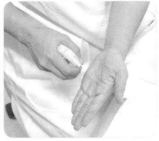

일정시간 건조 후에 아이패드와 립패드를 제거하고 손 소독을 한 후 고마쥐를 밀 준비를 한다.

06 | 고마쥐 밀기

너무 강하게 밀면 피부에 자극을 줄 수 있으므로 주의한다.

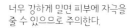

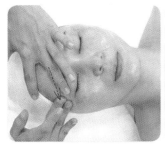 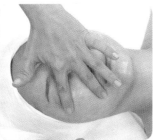 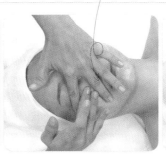 

이마와 오른쪽 볼 부위를 왼손 2, 3지를 벌려 텐션을 주면서 오른손 3, 4지로 피부결을 따라 위치를 옮겨가며 안쪽에서 바깥쪽으로 밀어내기를 하며 제거한다.

07 | 물을 묻혀 얼굴 전체 러빙하기

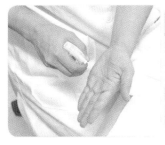  

1 러빙하기 전에 먼저 손을 소독한다.

2 유리볼에 준비해 놓은 물을 손끝에 묻혀가면서 얼굴 전체를 러빙하여 건조된 고마쥐를 제거하기 쉽게 만들어 준다.

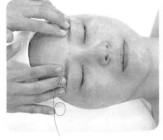 

3 러빙 후 손에 묻은 물기를 마른 수건 또는 키친타월로 닦는다.

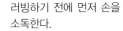
너무 길지 않게 신속하게 러빙한다.

08 | 티슈 제거 및 터번 다시 채우기

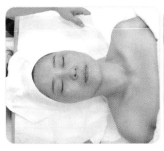  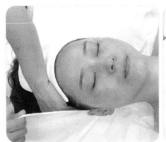 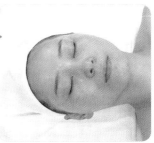

1 터번에 있던 티슈와 베드 위에 있던 티슈를
　조심스럽게 제거한다.

제거한 티슈는 위생봉투에 버린다.

2 재빠르게 다시 귀를 열어주고 터번을 다시 채운다.

3 다음 시술을 위해 손 소독을 한다.

고마쥐 과정 주의사항
- 목과 데콜테는 작업 범위에 해당되지 않는다.
- 작업 범위인 턱선이 넘어가지 않도록 주의한다.
- 고마쥐 관리과정(건조 후 텐션을 주며 밀고, 물을 묻혀 러빙)을 유념하여 작업한다.

09 | 마무리 (해면 + 온습포 + 토너정리)

1 해면으로 닦아주기

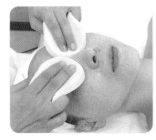 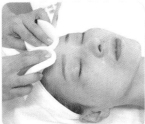  

적당히 적신 해면 두 장으로 '눈 – 이마 – 코 – 볼 – 인중 – 입 – 턱' 순서로 닦아준다.

2 온습포로 닦아주기

온장고에서 온습포 1개를 가져온 후 모델 얼굴 위에 올린 뒤 1과 동일한 순서로 닦아준다.

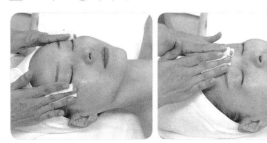

젖은 솜 두 장에 토너를 펌핑한 후 솜을 양손 3지에 한 장씩 끼우고 **1**과 동일한 순서로 닦아준다.
손끝으로 가볍게 두드려 흡수시키면서 마무리한다. (주변정리 후 손소독을 하고 대기한다)

딥클렌징 3 – 스크럽

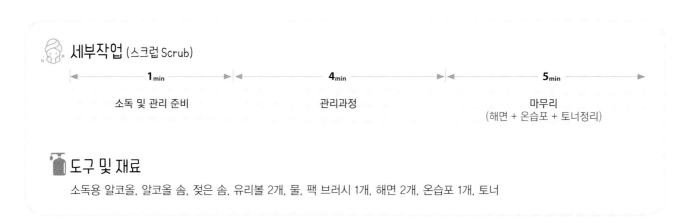

세부작업 (스크럽 Scrub)

1min	4min	5min
소독 및 관리 준비	관리과정	마무리 (해면 + 온습포 + 토너정리)

도구 및 재료

소독용 알코올, 알코올 솜, 젖은 솜, 유리볼 2개, 물, 팩 브러시 1개, 해면 2개, 온습포 1개, 토너

01 | 소독 및 관리 준비

1 손 소독

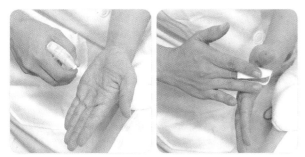

소독용 알코올 스프레이를 뿌리거나 알코올 솜으로 양 손등, 손바닥 및 손가락 사이사이를 소독한다.

2 귀 막고 터번 채우기

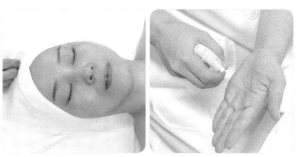

귀가 보이지 않게 터번을 다시 채운 후 다시 손 소독을 한다.

③ 유리볼 소독 및 스크럽 준비하기

알코올 솜으로 유리볼을 소독한 후 소독한 유리볼에 스크럽을 준비한다.
※ 튜브 제품은 유리볼에 곧바로 짜며, 크림 제품은 소독한 스파출라를 이용하여 덜어준다.
※ 사용한 제품은 베드 위에 올려놓는다.

02 | 스크럽 바르기 (순서 : 턱 – 한쪽 볼 – 이마 – 코 – 반대쪽 볼 – 턱 – 인중)

① 턱 바르기

편한 방향부터 시작한다.

 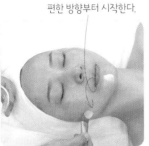

팩 브러시에 적당량을 묻힌 후 얼굴 턱선까지 적당량을 바른다.

② 볼 바르기

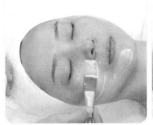 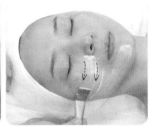

안쪽에서 바깥쪽으로 한쪽 볼을 먼저 발라준다.
※ 눈에 너무 가깝게 바르지 않도록 주의한다.

③ 이마 바르기

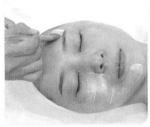 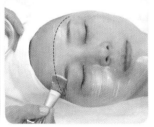

가로방향으로 이마를 바르면서 관자놀이까지 연결해서 발라준다.

④ 코 바르기

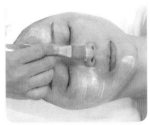 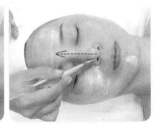

위에서 아래 방향으로 이마에 이어서 콧등, 코벽을 꼼꼼하게 발라준다.

⑤ 반대편 볼 바르기

 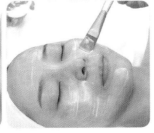

안쪽에서 바깥쪽으로 다른 한쪽 볼을 발라준다.

⑥ 턱 바르기

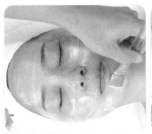 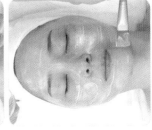

다른 한쪽 턱을 발라준다.

7 인중 바르기

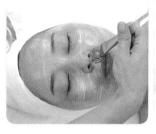 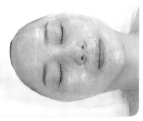

붓을 세워 가로 또는 세로방향으로 인중을 발라준다.
※ 사용한 유리볼과 팩 브러시는 하단에 있는 바구니와 보관통에
  내려놓는다.

03 | 유리볼 소독 및 물 준비하기

소독한 유리볼에 적당량의 물을 덜고 곧바로 러빙할 준비를 한다.

04 | 물을 묻혀 얼굴 전체 러빙하기

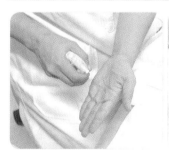  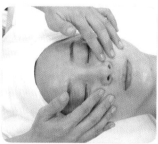

1 러빙하기 전에 먼저 손을   2 손끝에 물을 묻혀가면서 스크럽 알갱이를 원 동작으로 부드럽게 문지른다.
  소독한다.

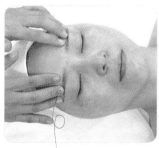 

스크럽 과정 주의사항
• 목과 데콜테는 작업 범위에 해당되지 않는다.
• 작업 범위인 턱선이 넘어가지 않도록 주의한다.
• 물을 묻혀 얼굴 전체에 부드럽게 러빙하는 과정
  등을 유념하여 작업한다.

3 러빙 후 손에 묻은 물기를 마른 수건
  또는 키친타월에 닦는다.

얼굴 전체를 약 2분가량 러빙한다.

05 | 터번 다시 채우기

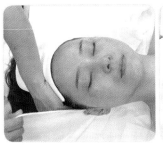 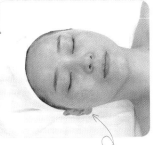 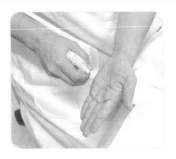

1 재빠르게 다시 귀를 열어주고 터번을 다시 채운다.

물이 흘러내릴 수 있으므로
해면 작업이 끝난 뒤 귀를 열어줘도 된다.

2 다음 시술을 위해 손 소독을 한다.

06 | 마무리 (해면 + 온습포 + 토너정리)

1 해면으로 닦아주기

  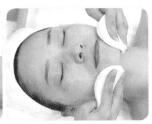 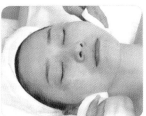

적당히 적신 해면 두 장으로 '눈 – 이마 – 코 – 볼 – 인중 – 입 – 턱' 순서로 닦아준다.

2 온습포로 닦아주기

온장고에서 온습포 1개를 가져온 후 모델 얼굴 위에 올린 뒤 1과 동일한 순서로 닦아준다.

3 토너로 정리하기

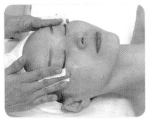  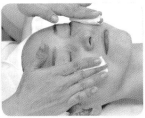 

젖은 솜 두 장에 토너를 펌핑한 후 솜을 양손 3지에 한 장씩 끼우고 1과 동일한 순서로 닦아준다.
※ 손끝으로 가볍게 두드려 흡수시키면서 마무리한다. (주변정리 후 손소독을 하고 대기한다)

딥클렌징 4 – 아하

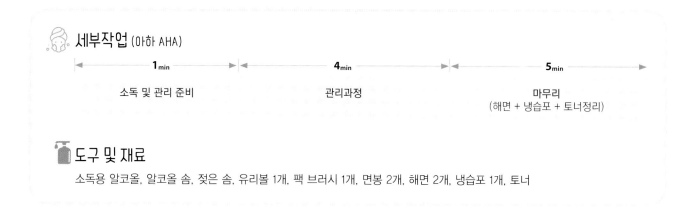

세부작업 (아하 AHA)

1min	4min	5min
소독 및 관리 준비	관리과정	마무리 (해면 + 냉습포 + 토너정리)

도구 및 재료

소독용 알코올, 알코올 솜, 젖은 솜, 유리볼 1개, 팩 브러시 1개, 면봉 2개, 해면 2개, 냉습포 1개, 토너

01 | 소독 및 관리 준비

1 손 소독

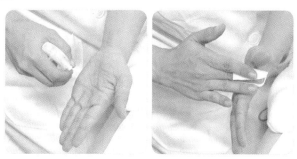

소독용 알코올 스프레이를 뿌리거나 알코올 솜으로 양 손등, 손바닥 및 손가락 사이사이를 소독한다.

2 아이패드 & 립 패드 올리기

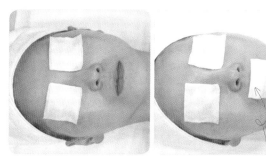

젖은 솜 3장을 눈과 입술 위에 밀착시켜 올려준다.

립패드는 반으로 접어서 올린다.

3 유리볼 소독 및 AHA 준비하기

AHA 제품은 반드시
액체형으로 준비한다.

1 알코올 솜을 이용하여 유리볼을 소독한다.

2 소독된 유리볼에 적당량의 AHA를 준비한다.

1 턱 바르기

편한 방향부터 시작한다.

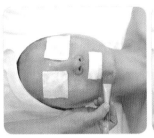
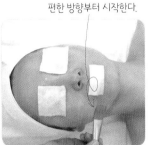

적신 팩 브러시를 이용해 얼굴 턱선까지 신속하고 꼼꼼하게 바른다.

※ 여러 번 겹쳐서 바르지 않는다.

2 볼 바르기

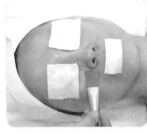
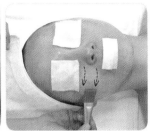

안쪽에서 바깥쪽으로 한쪽 볼을 먼저 발라준다.

※ 눈에 너무 가까이 바르지 않도록 주의한다.

3 이마 바르기

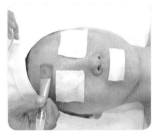
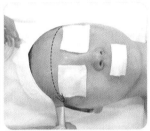

가로방향으로 이마를 바르면서 관자놀이까지 연결해서 발라준다.

4 코 바르기

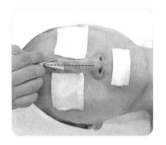

이마에 이어서 콧등, 코벽을 꼼꼼하게 발라준다.

5 반대편 볼 바르기

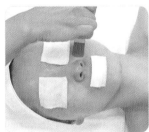
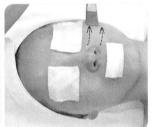

안쪽에서 바깥쪽으로 다른 한쪽 볼을 발라준다.

6 턱 바르기

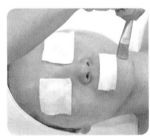
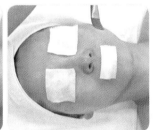

안쪽에서 바깥쪽으로 다른 한 쪽 턱을 발라준다.

7 인중 바르기

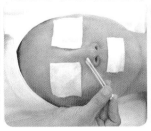
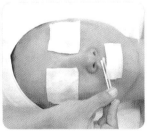

면봉 2개를 같이 집고 유리볼의 AHA를 묻힌 후 콧방울과 인중 부위를 꼼꼼히 발라준 후 약 2분가량 대기한다.

※ 사용한 유리볼은 하단에 있는 바구니에 내려놓는다.

 대기시간은 작업시간에 맞춰서 적절히 조절하도록 한다.

03 | 아이 & 립 패드 제거

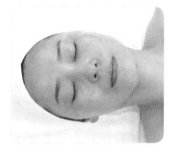

일정시간 대기 후 아이패드와 립패드를 제거하고
마무리 준비를 한다.
※ 제거한 아이패드와 립패드는 휴지통에 버린다.
※ 대기시간 동안 주변정리를 하고 손 소독 후 마
무리 동작에 들어간다.

AHA 과정 주의사항
• 목과 데콜테는 작업 범위에 해당되지 않는다.
• 작업 범위인 턱선이 넘어가지 않도록 주의한다.

04 | 마무리 (해면 + 냉습포 + 토너정리)

1 해면으로 닦아주기

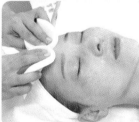

적당히 적신 해면 두 장으로 '눈 – 이마 – 코 – 볼 – 인중 – 입 – 턱' 순서로 닦아준다.

2 냉습포로 닦아주기

냉습포는 온습포(온장고에 직접 가서 꺼내옴)와는 달리 수험생이 비닐팩에 미리 준비해온 것을 꺼내 사용한다는 것 외에
는 온습포와 모든 과정이 동일하다. (웨건 중단에 보관)

1 **냉습포 준비하기** : 비닐팩에 미리 준비해 놓은 냉습포를 꺼
내 양 끝을 잡고 손목 안쪽에 온도체크를 한다.
※온습포와 같은 방법으로 해준다.

2 **냉습포 온도 느끼기** : 모
델의 얼굴 위에서 콧등을
살짝 스치며 상하로 2~3차례
오가며 온도를 느끼게 해준다.

3 **냉습포 올리기** : 코밑 부분을 기준으로 냉습포의 중앙이 오도록 올리고 왼쪽과 오른쪽을 차례로 접어 삼각형 모양을 만든다.

4 **냉습포 동작** : 각각 한 손씩 이마와 입, 양볼 부위를 한 차례씩 손바닥으로 가볍게 눌러준다.

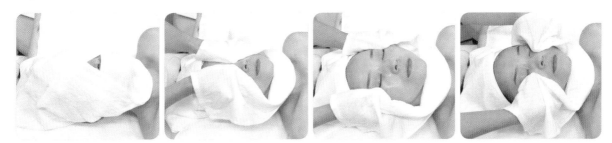

5 **냉습포 닦기** : 눈 − 이마 − 코 − 볼 − 인중 − 입 − 턱 순서로 닦아준다.　　Note 목, 데콜테는 작업 대상이 아니므로 유의한다.

3 토너로 정리하기

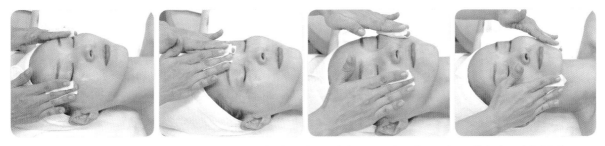

젖은 솜 두 장에 토너를 펌핑한 후 솜을 양손 3지에 한 장씩 끼우고 '눈 − 이마 − 코 − 볼 − 인중 − 입 − 턱' 순서로 정리해준다.
※ 손끝으로 가볍게 두드려 흡수시키면서 마무리한다. (주변정리 후 손소독을 하고 대기한다)

매뉴얼 테크닉 manual technic
(손을 이용한 관리)

15 min

NCS 학습모듈

01 | 매뉴얼테크닉의 정의와 목적

손을 이용한 동작을 말하는 것으로 5가지 기본 동작을 강·약, 속도, 시간, 밀착 등을 조절하여 적용하는 테크닉이다. 피부에 신진대사와 혈액순환을 촉진시키고 피부 기능을 향상시키며 피로를 풀어 주는 피부 관리의 핵심 과제이다.

02 | 학습 목표 및 평가 준거

1. 얼굴 피부 유형과 부위에 맞는 매뉴얼테크닉을 하기 위한 제품을 선택할 수 있다.
2. 선택된 제품을 피부에 도포할 수 있다.
3. 5가지 기본 동작을 이용하여 매뉴얼테크닉을 적용할 수 있다.
4. 얼굴의 피부 상태와 부위에 적정한 리듬, 강약, 속도, 시간, 밀착 등을 조절하여 매뉴얼테크닉을 적용할 수 있다.

03 | 평가자 체크리스트

평가항목	성취수준		
	상	중	하
부위별 5가지 기본 동작의 안배 능력			
피부 유형에 맞는 제품 선택 능력			
매뉴얼테크닉 시연의 적합성 (리듬, 강약, 속도, 시간, 밀착)			
티슈 사용 여부			
온습포 사용 여부			
위생적인 잔여물 제거 능력			

04 | 작업장 평가

평가항목	성취수준		
	상	중	하
부위별 5가지 기본 동작 안배 능력			
매뉴얼테크닉 능력 (리듬, 강약, 속도, 시간, 밀착)			
티슈 사용 여부			
온습포 사용여부			
피부 유형에 맞는 제품 선별 능력			

05 | 작업 팁

1. 기본 5가지 동작의 적절한 수행이 이루어져야 한다.
2. 매뉴얼테크닉 시연의 적합성(리듬, 강약, 속도, 시간, 밀착)을 고려하여 작업한다.
3. 잔여물이 남지 않게 깨끗이 닦아야 한다.
4. 다음 단계를 위한 토닉을 사용해야 한다.

06 | 매뉴얼테크닉 기본동작

(1) 쓸어서 펴바르기(쓰다듬기, effleurage)

방법	• 손바닥을 이용하여 피부 표면을 쓰다듬는 동작 • 매뉴얼테크닉의 처음과 마무리 단계에 사용
효과	• 피부 진정 및 림프 배액 촉진 • 노화된 각질 제거 • 켈로이드 생성 억제

(2) 밀착하여 펴바르기(문지르기, friction)

방법	• 손가락의 첫 마디 부분을 이용하여 나선을 그리듯 움직이는 동작으로 주로 중지와 약지 사용 • 쓰다듬기보다 조금 더 깊은 조직에 효과적이며, 주름이 생기기 쉬운 부위에 많이 사용
효과	• 조직의 혈액 촉진 • 결체 조직 강화시켜 탄력을 주고 모공의 피지 배출 효과

(3) 어루만져 펴바르기(반죽하기, petrissage)

방법	근육을 쥐고 손가락 전체를 이용하여 반죽하듯이 주물러 부드럽게 하는 방법
효과	근육의 혈액 촉진 및 노폐물 제거, 근육 피로와 통증을 완화 효과

(4) 토닥토닥 펴바르기(두드리기, tapotement)

방법	• 손가락을 이용하여 빠른 동작으로 리듬감 있게 두드리는 동작 • 얼굴 부위에 따라 두드리기 강도 결정
효과	근육 위축과 지방 과잉 축적 방지 및 신진대사 촉진

(5) 떨며 펴바르기(흔들어주기, vibration)

방법	손끝이나 손 전체로 얼굴을 진동시키는 동작
효과	근육 이완 및 결체 조직 탄력을 증진시켜 림프와 혈액 순환을 촉진

[쓰다듬기]

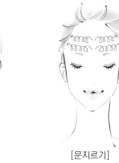
[문지르기]

[반죽하기]

[두드리기]

[떨기]

01

본심사

매뉴얼테크닉은 쓰다듬기, 문지르기, 반죽하기, 두드리기, 흔들어주기(진동)인 5가지 동작으로 나뉘어져 있으며, 작업 시 빠르지 않은 일정한 속도로 끊김 없이 부드럽고 밀착력 있게 해야 한다. 또한 지압이나 지나친 두드림 등은 0점 처리되므로 반드시 주의해야 한다.

세부작업

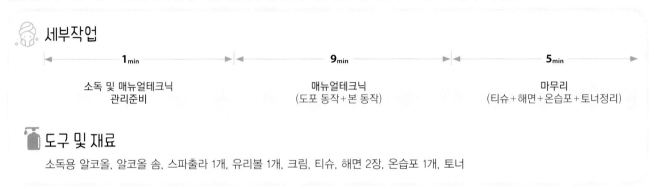

1 min	9 min	5 min
소독 및 매뉴얼테크닉 관리준비	매뉴얼테크닉 (도포 동작+본 동작)	마무리 (티슈+해면+온습포+토너정리)

도구 및 재료

소독용 알코올, 알코올 솜, 스파출라 1개, 유리볼 1개, 크림, 티슈, 해면 2장, 온습포 1개, 토너

01 | 소독 및 매뉴얼테크닉 관리 준비

1 손 소독

소독용 알코올 스프레이를 뿌리거나 알코올 솜으로 양 손등, 손바닥 및 손가락 사이사이를 소독한다.

2 도구 소독

알코올 솜으로 유리볼과 스파출라를 소독한다.

3 크림 또는 오일 준비하기

크림 또는 오일을 덜어 준비한다.
※ 사용한 스파출라는 하단 보관통에 꽂는다.
※ 지나치게 많은 양을 덜어 남지 않도록 주의한다.

02 | 매뉴얼테크닉 도포 동작

1 크림 도포

크림을 데콜테, 목, 턱, 양볼, 코, 이마에 골고루 찍어 놓는다.
유리볼에 남은 크림은 손으로 덜어서 양손으로 비벼 유화시킨다.

② 크림 도포 동작 - 데콜테

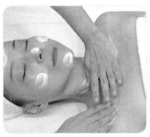 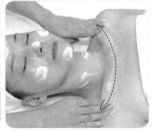

데콜테부터 시작하여 부드럽게 도포 동작을 한다. 손바닥을 밀착시켜 양손 교대로 좌우로 쓸어준다.

③ 크림 도포 동작 - 목

 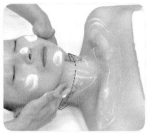

양 손바닥 교대로 좌우로 쓸어준다.

④ 크림 도포 동작 - 턱

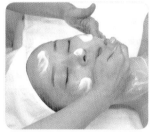 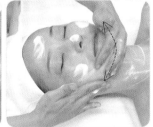

양 손바닥 교대로 좌우로 쓸어준다.

⑤ 크림 도포 동작 - 입술

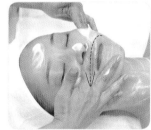 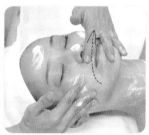

양손 교대로 2, 3지를 벌려 좌우로 쓸어준다.

⑥ 크림 도포 동작 - 볼

 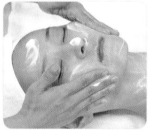

양손을 밀착시켜 크게 원을 그려 크림을 펴준다.

⑦ 크림 도포 동작 - 코

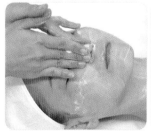 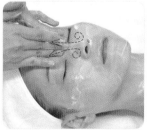

양손 3, 4지로 콧방울을 굴려주고 코 벽을 상하로 쓸어준다.

⑧ 크림 도포 동작 - 눈

 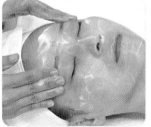

눈 주위를 가볍게 굴려준다.

⑨ 크림 도포 동작 - 이마

손바닥을 밀착시켜 양손 교대로 좌우로 쓸어준다.

🔟 크림 도포 동작 마무리

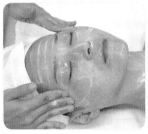 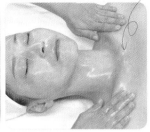

크림이 전체적으로 잘 퍼지도록 한다.

매뉴얼테크닉 도포 동작 주의사항
- 잘 퍼지지 않는 부위는 동작 횟수를 늘리며 손바닥을 이용해 밀착력을 높여준다.
- 도포 동작은 약간 빠르고 경쾌하게 하며 본 동작보다 간결하게 한다.

이마 동작을 마친 후 양손을 자연스럽게 얼굴 옆라인을 쓸며 데콜테로 내려와 본 동작 준비를 한다.

03 | 매뉴얼테크닉 본 동작

1️⃣ 데콜테 동작

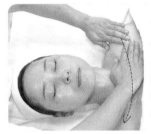 

1 양 손바닥을 밀착시켜 교대로 좌우로 쓸어준다.
※ 모든 동작은 연결되게 하며 부드럽고 빠르지 않게 한다.

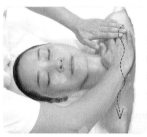 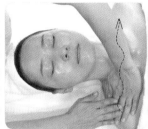

2 손을 겹쳐 아래 손바닥을 이용해 교대로 리듬감 있게 물결 모양으로 밀어준다.

3 양손 동시에 중앙에서 시작하여 안에서 밖으로 나선형으로 굴려준다.

2️⃣ 목 동작

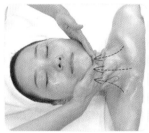 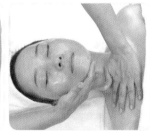

1 양손을 교대로 밑에서 위로 쓸어 올려주며 좌우로 움직인다.

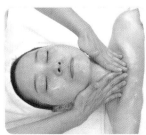  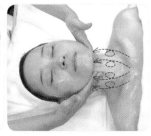

2 양손 동시에 쇄골의 중앙에서 귀 뒤쪽으로 원 동작으로 문지른다.(2등분)

3 턱 동작

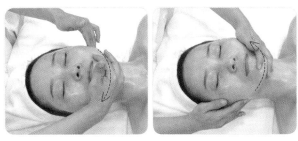

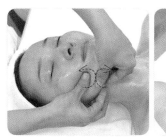
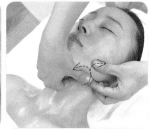

1 턱선을 기준으로 양손 교대로 좌우로 쓸어준다.

2 턱선을 기준으로 엄지를 교대로 C자를 맞물리게 주무르며 좌우로 왕복한다.

4 입 주위 동작

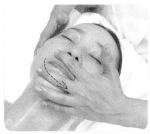

입술을 기준으로 2, 3지를 벌려 양손 교대로 좌우로 쓸어준다.

5 볼 동작

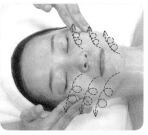

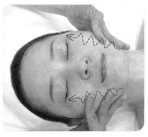

1 볼은 3등분하여 원 동작으로 부드럽게 문지른다.
(턱~귓볼, 입 꼬리~귀 중앙, 코 옆~관자놀이)

2 양 손가락을 차례로 올리면서 볼 부위에 바이브레이션(진동)을 한다.

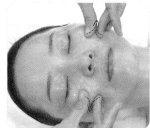
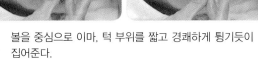

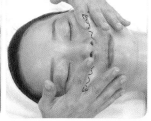

3 볼을 중심으로 이마, 턱 부위를 짧고 경쾌하게 튕기듯이 집어준다.

4 양 손바닥으로 안쪽에서 바깥쪽으로 바이브레이션(진동)하면서 쓸어준다.

6 입 동작

1 양 엄지를 이용하여 입술을 중심으로 턱과 인중을 오가며 부드럽게 문지른다.

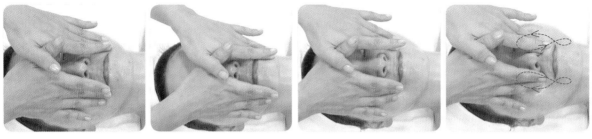

2 양손 3, 4지를 이용하여 입 꼬리 표정주름 부위에서 8자를 그리며 리듬감 있게 문지른다.

7 코 동작

1 콧방울에서 양손 3, 4지로 원 동작을 하며 코벽까지 올라 간다.

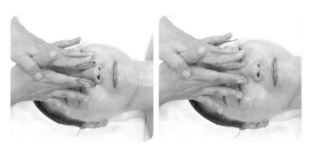

2 양손 3, 4지로 콧방울에서 코벽, 콧등 부위를 상하로 쓸 어준다.

8 눈 동작

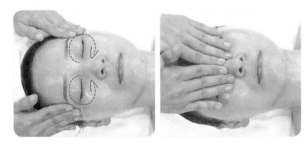

1 눈 주위를 원 동작으로 굴려준다.

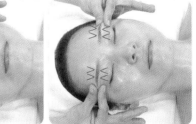

2 양 집게손가락을 이용하여 눈썹 앞머리에서 눈썹 꼬리까지 부드럽게 집어준다.

3 양손 교대로 눈 주위를 크게 8자를 그리며 관자놀이에서 작은 8자를 그려 문지른다.

9 이마 동작

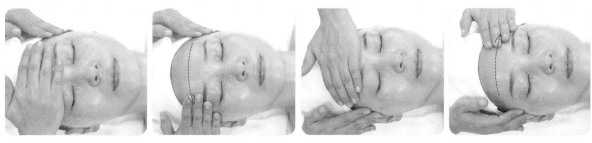

1 양손 교대로 좌우로 쓸어준다.

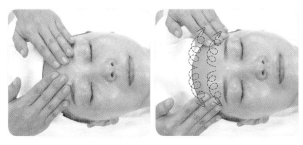

2 이마를 2등분하여 양손 동시에 중간에서 바깥쪽으로 나선형으로 굴려준다.

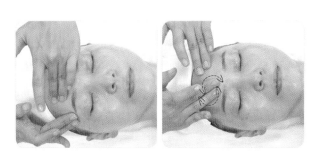

3 양손 3, 4지로 C자를 맞물리게 문지르며 좌우로 왕복한다.

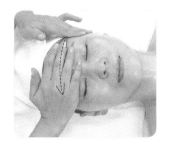

4 다시 양손 교대로 좌우로 쓸어준다.

10 마무리 동작

 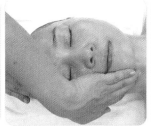  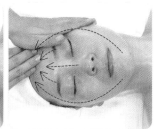

1 양손바닥을 이용해 교대로 쓸어 올리며 좌우로 왕복한다.

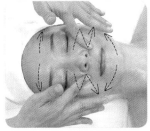 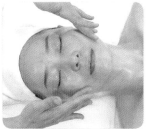

2 피아노 치듯 손끝으로 얼굴 전체를 두드려준다.

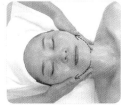 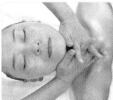   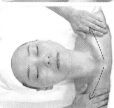

3 이마부터 데콜테로 내려가면서 중앙에서 바깥쪽으로 크게 3~4등분하여 천천히 쓸어주며 작업을 마무리한다.

매뉴얼테크닉 본 동작 주의사항

- 지압이나 지나친 두드림 등은 0점 처리되므로 반드시 주의해야 한다.
- 모든 동작과 동작 사이가 끊어지지 않고 부드럽게 이어져야 한다.
- 모든 동작은 빠르지 않고 정확하게 하며 밀착력과 리듬감 있게 해야 한다.
- 동작의 횟수는 기본 3회로 하며 동작의 특성과 길이에 따라 횟수를 가감한다.
- 마른 수건을 미리 준비하여 손에 유분기를 제거한 후 마무리 작업을 한다.
- 터번을 다시 매만지거나 손에 유분감이 있을 때는 수시로 손 소독을 한다.

04 | **마무리** (티슈+해면 + 온습포 + 토너정리)

▉ 티슈로 가볍게 눌러주기

  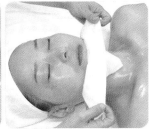 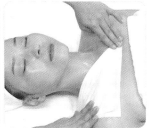

티슈로 '얼굴 – 목 – 데콜테' 순서로 유분기를 제거해 준다.

▉ 해면으로 닦아주기

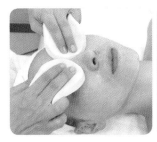 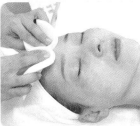  

적당히 적셔진 해면 두 장으로 '눈 – 이마 – 코 – 볼 – 인중 – 입 – 턱 – 목 – 데콜테' 순서로 닦아준다.

▉ 온습포로 닦아주기

   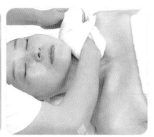

온장고에서 온습포 1개를 가져와 모델 얼굴 위에 올린 뒤 '눈 – 이마 – 코 – 볼 – 인중 – 입 – 턱 – 목 – 데콜테' 순서로 닦아준다.

▉ 토너로 정리하기

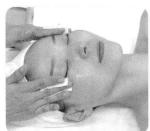   

젖은 솜 두 장에 토너를 펌핑해서 '눈 – 이마 – 코 – 볼 – 인중 – 입 – 턱 – 목 – 데콜테' 순서로 정리해준다.
※ 손끝으로 가볍게 두드려 흡수시키면서 마무리한다. (주변정리 후 손소독을 하고 대기한다)

FACE TREATMENT 06

팩 pack

01 | 팩의 정의와 목적

균일한 두께로 얼굴 표면에 도포하여 일정시간이 지난 후 닦아내는 행위로 신진대사와 노폐물 제거, 피로회복과 혈액 순환을 활성화시켜 보습작용, 청정작용, 혈액순환 촉진작용을 상승시키는 작업이다.

02 | 학습 목표 및 평가 준거

1. 피부 유형에 따라 팩 종류를 선택할 수 있다.
2. 제품 성질에 맞는 팩을 적용할 수 있다.
3. 관리 후 팩을 안전하게 제거할 수 있다.

03 | 평가자 체크리스트

평가항목	성취수준		
	상	중	하
손 소독 여부			
위생 상태			
피부 유형에 맞는 팩의 사용 여부			
팩 두께의 균일한 도포			
마무리에 습포 사용 여부			
토닉 적용 여부			
순서에 맞는 팩 도포 여부			

04 | 작업장 평가

평가항목	성취수준		
	상	중	하
위생적인 손 소독 여부			
팩 올리기			
팩 사용하는 방법			
습포 사용 여부			

05 | 작업 팁

1. 피부 유형에 적합한 팩을 선택해야 한다.
2. 근육결에 따라 균일한 두께로 섬세하게 도포한다.
3. 잔여물이 남지 않게 깨끗이 닦아야 한다.
4. 다음 단계를 위한 토닉을 사용해야 한다.

팩의 종류

(1) 필 오프 타입(Peel-off type)

굳어서 필름처럼 떼어내는 타입으로 팩제가 건조되면 피부 표면에 피막이 형성되고 떼어내는 과정에서 죽은 각질 세포와 모공 속 노폐물이 제거되어 피부가 깨끗해지고 피부에 긴장감과 탄력도 부여한다.

▲ 필 오프 타입

(2) 씻어내는 타입(Wash-off type)

크림 타입, 거품 타입, 젤 타입, 클레이타입 등의 다양한 종류가 있으며 팩 제를 바른 뒤 일정한 시간이 지난 후 물로 씻어 준다.

▲ 씻어내는 타입

(3) 시트 타입(Sheet type)

영양물질을 건조시킨 시트타입으로 유효 성분이 흡수된 후 제거하는 방법이다. 자극이 적고 영양 공급과 보습 효과가 뛰어나며 피부에 탄력을 증진시킨다. 사용이 간편한 형태의 마스크로 화장수나 에센스를 침적시킨 부직포 타입도 있다.

▲ 시트 타입

본심사

📢 시험개요

팩은 시험 당일 제시된 설명에 알맞은 피부 타입(건성, 중성, 지성)에 맞게 제품을 선택하여 작업해야 한다.

세부작업

| 1ₘᵢₙ | 4ₘᵢₙ | 5ₘᵢₙ |

소독 및 팩 전처리   팩 도포 및 대기   마무리
(해면+냉습포+토너정리)

도구 및 재료

소독용 알코올, 알코올 솜, 젖은 솜, 스파츌라 1개, 팩 브러시 1~3개, 유리볼 1~3개, 피부 타입별 팩(3개), 해면 4~6장, 냉습포 1개, 토너, 아이 & 립크림

---

01 | 소독 및 팩 전처리

1 손 소독

소독용 알코올 스프레이를 뿌리거나 알코올 솜으로 양 손등, 손바닥 및 손가락 사이사이를 소독한다.

2 도구 소독

알코올 솜으로 유리볼과 스파츌라를 소독한다.

3 아이 & 립크림 바르기 (전처리)

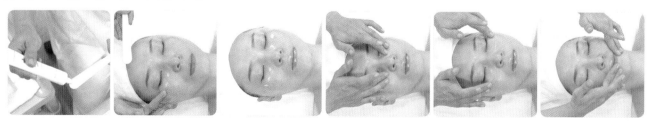

소독한 스파츌라에 아이 & 립크림을 짜서 손으로 눈과 입가에 찍고 양 손끝으로 가볍게 두드려 발라준다.
※ 사용한 스파츌라는 하단 보관통에 꽂는다.
※ 아이크림과 립크림은 각각 따로 준비해도 되고, 겸용 제품을 사용해도 된다.

02 | 팩 도포 및 대기

1 팩 준비하기

팩은 기본적으로 중성, 지성, 건성의 3가지 피부 타입을 준비한다. 필요에 따라 여드름 혹은 민감성 등 기타 타입을 1~2가지 정도 더 준비해도 된다. 본 교재에서는 3가지 타입을 사용했다.

크림 타입의 팩을 준비하되, 투명하거나 팩의 도포 타입 및 도포 방향 등을 구별할 수 없는 제품은 사용할 수 없다.

소독된 유리볼에 제시된 피부 타입에 적합한 팩 제품을 준비한다.
※ 사용한 팩 제품을 베드 위에 올려놓는다.
※ 지나치게 많은 양을 덜지 않도록 주의한다.

팩 도포 개요

1. 도포 순서 : 볼 – 턱 – 인중 – 이마 – 코 – 목 – 데콜테
2. 도포 부위가 벗어나지 않도록 주의한다.
3. 브러시를 눕히면 두께감 있게 바를 수 있고, 세우면 얇게 발린다.
4. 팩 두께는 너무 얇지 않게 균일한 두께로 바른다.

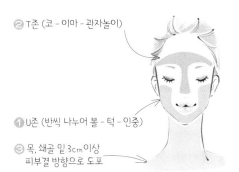

❷ T존 (코 – 이마 – 관자놀이)

❶ U존 (반씩 나누어 볼 – 턱 – 인중)

❸ 목, 쇄골 밑 3cm이상 피부결 방향으로 도포

---

2 팩 바르기 – 양볼

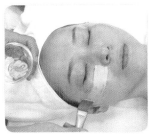 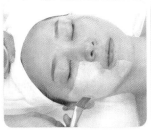 

안에서 밖으로 근육결을 따라 한쪽씩 발라준다.
※ 눈에 너무 가깝게 바르지 않도록 주의한다.

3 팩 바르기 – 턱

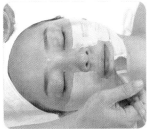 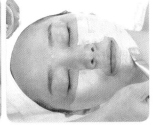

팩 브러시를 이용해 얼굴 턱 선까지 신속하고 꼼꼼하게 바른다.
※ 편한 방향부터 시작하면 된다.

4 팩 바르기 – 인중

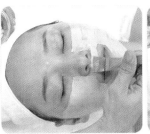 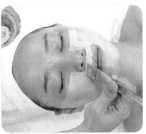

인중 부분도 꼼꼼하게 발라준다.
※ 사용한 유리볼과 팩 브러시는 하단에 있는 바구니와 보관통에 내려놓는다.

5 팩 바르기 – 이마

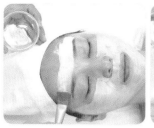 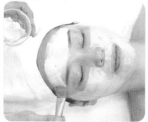

가로 방향으로 이마를 바르면서 관자놀이까지 연결해서 발라준다.

6 팩 바르기 – 코

위에서 아래 방향으로 이마에 이어서 콧등, 코벽을 꼼꼼하게 발라준다.

7 팩 바르기 – 목

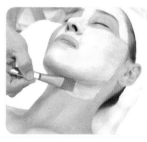 

가로 방향으로 U존 부위와 연결하여 귀 뒤편으로 넘어가지 않도록 꼼꼼히 발라준다.

8 팩 바르기 – 데콜테

 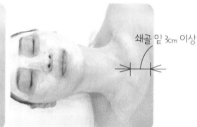

쇄골 밑 3cm 이상

부채꼴 모양으로 쇄골 밑 3cm 이상 피부결 방향으로 도포한다.
※ 사용 후 유리볼과 팩 브러시는 하단 바구니와 보관통에 넣는다.

> Tip 팩브러시로 2줄 바르면 3cm 정도 바를 수 있다.

9 아이패드 & 립패드 올리기

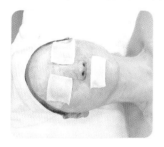

젖은 솜 3장을 양쪽 눈과 입에 밀착시켜 올려준다.

10 터번 풀고 대기

팩이 충분히 흡수되도록 1~2분 가량 대기한다.

모델의 편의를 위해 터번을 풀어주고 경우에 따라 소타월로 목을 받쳐준다. ※ 대기하는 동안 주변정리를 한다.

11 터번 채우고 손 소독

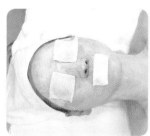 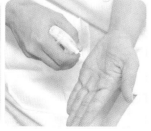

일정시간 대기 후 터번을 다시 채우고 손 소독을 한다.

12 아이패드 제거

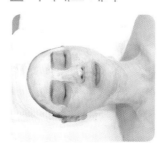

아이패드를 제거하고 마무리 단계를 준비한다.

- 팩 도포는 적당한 두께로 도포하며 신속하고 고르게 뭉치지 않게 발라준다.
- 팩 도포 범위는 쇄골 밑 3cm 이상이 되도록 한다.
- 대기시간이 필요하니 바르는 연습을 통해 도포로 시간을 다 쓰지 않도록 주의한다.
- 제품의 양 조절을 충분히 연습하여 너무 많이 남지 않도록 주의한다.
- 턱 밑이나 목, 데콜테 부위는 자리에서 살짝 일어나서 발라도 무방하다.

03 | 마무리 (해면 + 냉습포 + 토너정리)

▣ 해면으로 닦아주기

1 **해면으로 습기 부여** : 적당히 적셔진 해면 2장으로 얼굴을 골고루 살짝 눌러주면서 습기를 준다.

2 **이마 해면 닦기** : 이마 부위를 2~3등분하여 중앙에서 바깥쪽으로 닦아준다.
※ 해면의 가장자리를 고르게 사용한다.

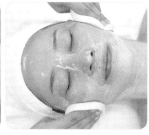

3 **코 해면 닦기** : 콧등, 코 벽을 골고루 위에서 아래로 교대로 쓸어내리며 닦아준다.

4 **볼 해면 닦기** : 볼은 3등분하여 안쪽에서 바깥쪽으로 부드럽게 닦아준다.

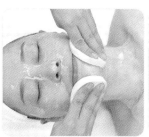

5 **인중 & 입 해면 닦기** : 양손 교대로 좌우로 부드럽게 닦아준다.

6 **턱 해면 닦기** : 턱 선을 기준으로 윗부분과 아랫부분을 양손 교대로 좌우로 부드럽게 닦아준다.

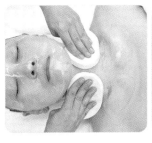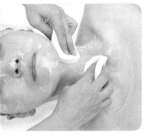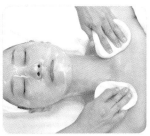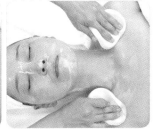

7 **목 해면 닦기** : 새로운 해면을 이용하여 양손 교대로 밑에서 위로 쓸어 올리며 좌우로 왕복한다.

8 **데콜테 해면 닦기** : 양손 교대로 좌우로 부드럽게 닦아준다.

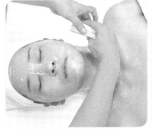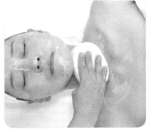

9 **해면 마무리 1** : 제품이 묻은 면을 서로 모아 목과 데콜테를 한번씩 닦아낸다.

10 **해면 마무리 2** : 데콜테에서 자연스럽게 목옆을 지나 쓸어 올리며 귀에서 마무리한다.
※ 사용한 해면은 하단에 있는 바구니에 잘 정리한다.

팩 도포 마무리 시 주의사항
- 해면 2장으로 닦은 후에도 남은 잔여물이 많을 경우 원활한 습포처리를 위해 2~4장의 해면을 더 사용하여 닦아낸다. 단, 남은시간을 체크하면서 신속하게 한다.
- 해면을 능숙하게 다루도록 연습한다.

2 냉습포로 닦아주기

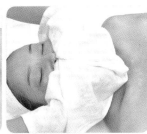

비닐팩에서 냉습포 1개를 꺼내어 모델 얼굴 위에 올린 뒤 눈 – 이마 – 코 – 볼 – 인중 – 입 – 턱 – 목 – 데콜테 순서로 닦아준다.

3 토너로 정리하기

젖은 솜 두 장에 토너를 펌핑해서 '눈 – 이마 – 코 – 볼 – 인중 – 입 – 턱 – 목 – 데콜테' 순서로 정리해준다.

※ 손끝으로 가볍게 두드려 흡수시키면서 마무리한다. (주변정리 후 손소독을 하고 대기한다)

FACE TREATMENT 07

마스크 및 마무리 mask & finishing

NCS 학습모듈

01 | 마스크의 정의와 목적

팩과 동일하게 균일한 두께로 얼굴 표면에 도포하여 일정시간이 지난 후 닦아내는 행위로 신진대사와 노폐물 제거, 피로회복과 혈액 순환을 활성화시켜 보습작용, 청정작용, 혈액순환 촉진작용을 상승시키는 작업이다.

02 | 학습 목표 및 평가 준거

1. 피부 유형에 따라 마스크 종류를 선택할 수 있다.
2. 제품 성질에 맞는 마스크를 적용할 수 있다.
3. 관리 후 마스크를 안전하게 제거할 수 있다.
4. 얼굴관리가 끝난 후 토닉으로 피부 정리를 할 수 있다.
5. 고객의 얼굴 피부 유형에 따른 기초 화장품류를 선택할 수 있다.
6. 영양 물질을 흡수시키고 자외선 차단제를 사용하여 마무리할 수 있다.

03 | 평가자 체크리스트

평가항목		성취수준		
		상	중	하
마스크	손 소독 여부			
	위생 상태			
	피부 유형에 맞는 팩의 사용 여부			
	팩 두께의 균일한 도포			
	마무리에 습포 사용 여부			
	토닉 적용 여부			
	순서에 맞는 팩 도포 여부			
마무리	피부 유형별 제품 선택			
	자외선 차단 크림 사용 여부			
	토닉 사용 여부			

04 | 작업장 평가

평가항목		성취수준		
		상	중	하
마스크	위생적인 손 소독 여부			
	팩 올리기			
	팩 사용하는 방법			
	습포 사용 여부			
	피부 유형에 맞는 마무리 실시 여부			
마무리	제품 선별을 선택해 실시 여부			
	낮과 밤에 맞는 화장품 선택			

05 | 작업 팁

1. 과정마다 소독을 철저히 한다.
2. 제시된 마스크를 선택해야 한다.
3. 스파출라를 사용하여 적당한 농도와 균일한 두께로 섬세하게 도포한다.
4. 제품에 따른 적합한 과정을 수행해야 한다.
5. 헤어라인에 잔여물이 남지 않게 깨끗이 닦아야 한다.
6. 얼굴관리 마무리 단계를 실시해야 한다.
7. 정리대를 청결하게 유지한다.

06 | 얼굴관리 마무리의 정의

얼굴 피부 관리의 마지막 단계로 토닉을 이용한 피부정돈과 영양물질 흡수 후 자외선차단제로 마무리하는 과정까지를 의미한다.
(자외선차단제는 시험과정에서 생략한다)

📢 시험개요

마스크는 1과제 얼굴관리 마지막 단계로 총 2가지(모델링 마스크와 석고 마스크) 중 시험 당일 제시된 과제 하나만 작업하며 부위는 입을 제외한 턱밑까지 관리한다. 마스크의 종류 및 순서가 틀린 경우 0점 처리되므로 주의하도록 한다.

세부작업

1min	12min	7min
소독 및 마스크 전처리	마스크 준비 · 도포 및 대기	마무리 (해면 + 냉습포 + 토너 + 아이&립&영양크림)

도구 및 재료

- 모델링 마스크 : 소독용 알코올, 알코올 솜, 젖은 솜, 스파출라 2개, 고무볼 1개, 모델링 마스크 1회분, 물, 해면 2장, 냉습포 1개, 토너, 아이&립크림, 영양크림
- 석고 마스크 : 소독용 알코올, 알코올 솜, 젖은 솜, 스파출라 2개, 유리볼 1개, 팩 브러쉬 1개, 고무볼 1개, 젖은 거즈(얼굴용), 석고 베이스 크림, 석고 마스크 1회분, 물, 해면 2장, 냉습포 1개, 토너, 아이&립크림, 영양크림

모델링 마스크 본심사

01 | 소독 및 전처리

1 손 소독

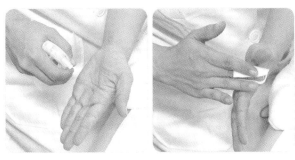

소독용 알코올 스프레이를 뿌리거나 알코올 솜으로 양 손등, 손바닥 및 손가락 사이사이를 소독한다.

2 도구 소독

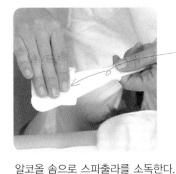

사용한 소독솜은 바로 위생봉투에 버린다.

알코올 솜으로 스파츌라를 소독한다.

3 아이 & 립크림 바르기 (전처리)

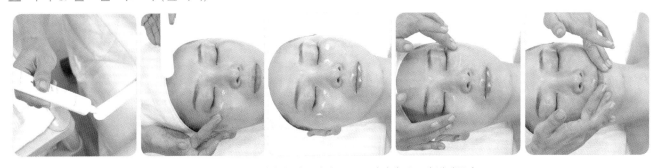

소독한 스파츌라에 아이 & 립크림을 짜서 손으로 눈과 입가에 찍고 양 손끝으로 가볍게 두드려 발라준다.
※ 사용한 스파츌라는 하단 보관통에 꽂는다.

4 아이패드 올리기

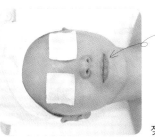

입술에는 올리지 않는다.

젖은 솜 2장을 눈 위에 밀착시켜 올려준다.

02 | 모델링 마스크 준비 및 도포 & 대기

1 모델링 마스크 준비하기

소독된 고무볼에 미리 준비한 모델링 마스크 1회분을 넣고 적당량의 물을 부어 스파출라로 신속하게 저으면서 반죽한다.
※ 많이 흘러내릴 수 있으므로 마스크가 너무 묽지 않게 반죽한다.

2 모델링 마스크 도포하기

1. 반죽된 마스크를 들고 스파출라로 한 번씩 떠서 올리고 펴주기를 반복하면서 작업부위를 벗어나지 않도록 도포한다. (반씩 나누어 눈 → 반대편 눈 → 이마 → 볼 → 반대편 볼 → 코 → 인중 → 턱 → 턱밑)
2. 입을 제외하고 발라준다.
3. 가장자리에 화장솜이나 티슈를 대지 않는다.
4. 균일한 두께로 바를 수 있도록 연습한다.

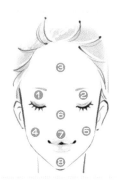

이마쪽 헤어라인을 깨끗하게 잡으면서 펴준다.

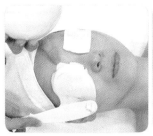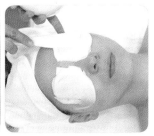

1 **눈 도포하기** : 반죽된 마스크를 들고 스파출라로 한 번씩 떠서 올리고 펴주기를 반복하면서 작업부위를 벗어나지 않도록 도포한다.

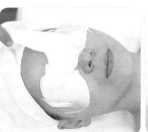

2 **이마 도포하기** : 양 눈 사이 코뿌리를 서로 연결시켜주고 이마를 발라준다.

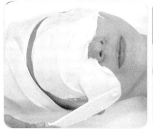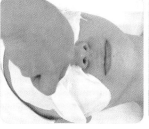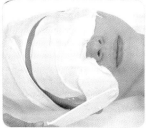

3 **볼-코 도포하기** : 안쪽에서 바깥쪽으로 펴준 후 밑에서 위로 끌어 올리며 양쪽 볼을 펴준다. 스파출라를 눕혀서 코를 덮어주면서 양쪽 볼로 이어지게 발라준다.

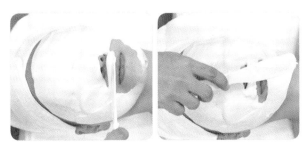

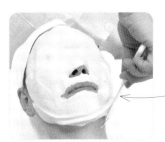

얇은 부분에 모델링을 덧바르며
균일한 두께로 발라준다.

4 **인중-턱 도포하기** : 스파츌라를 세워서 인중에 발라준다.
그리고 스파츌라 끝부분을 이용해서 제품을 올리고 턱에 부
드럽게 펴준다.

5 **턱밑 도포하기** : 작업범위가 넘지 않도록 턱 밑까지 발라
준다.
※ 마스크가 굳기 전에 도포를 끝낼 수 있도록 한다.

도포가 완료되면 터번을 풀어주고
작은 타월로 목을 받쳐준다.

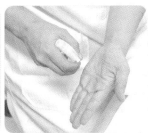

6 **일정시간 대기** : 모델링 마스크가 마를 때까지 일정시간 대기
하면서 주변정리 및 손 소독을 한다.
※ 사용한 고무볼과 스파츌라는 하단 바구니와 보관통에 넣
는다.

7 **마무리 준비** : 다시 터번을 채우고 손 소독을 한 후 마무리
작업 준비를 한다.

마스크 도포 시 주의사항
• 마스크 작업부위(턱 밑까지)를 벗어나지 않도록 주의한다.
• 반죽된 마스크가 굳기 전에 도포를 끝낼 수 있도록 연습한다.
• 마스크 도포는 고르고 적당한 두께로 도포하며 신속하게 뭉
치지 않게 발라준다.
• 제품의 양 조절을 하여 너무 많이 남지 않도록 주의한다.

8 **모델링 마스크 제거하기** : 굳은 모델링 마스크를 턱밑에서
이마 방향으로 조심스럽게 제거한다.

03 | **마무리** (해면 + 냉습포 + 토너정리 + 크림 바르기)

1 해면으로 닦아주기

적당히 적셔진 해면 두 장으로 눈 - 이마 - 코 - 볼 - 인중 - 입 - 턱 - 턱밑 순서로 닦아준다.

2 냉습포로 닦아주기

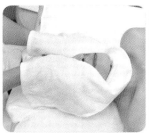   

비닐팩에서 냉습포 1개를 꺼내어 모델 얼굴 위에 올린 뒤 눈 – 이마 – 코 – 볼 – 인중 – 입 – 턱 – 턱밑 순서로 닦아준다.

3 토너로 정리하기

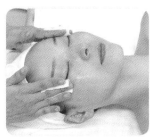   

젖은 솜 두 장에 토너를 펌핑해서 눈 – 이마 – 코 – 볼 – 인중 – 입 – 턱 – 턱밑 순서로 정리해준다.

4 아이&립크림, 영양크림 바르기

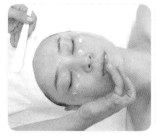  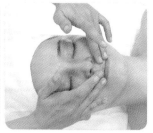

1 **아이 & 립크림 바르기** : 소독한 스파출라에 아이 & 립크림을 짜서 손으로 눈과 입가에 찍고 양 손끝으로 가볍게 두드려 발라준다.

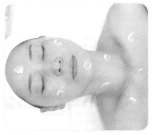  

2 **영양크림 바르기 & 전체 마무리** : 소독한 스파출라에 영양크림을 짜서 얼굴, 목, 데콜테에 바르고 양손으로 가볍게 두드려 흡수시키며 1과제 마무리를 한다.
※ 사용한 스파출라는 하단 보관통에 꽂는다.
※ 여유롭게 끝났다면 터번정리 및 주변정리 후 손 소독을 한 후 대기한다.

마무리 주의사항
• 코 밑, 귀 부위, 헤어라인 주변에 제품의 잔여물이 남아 있지 않도록 주의한다.
• 터번을 다시 매만지거나 손이 지저분할 때는 작업 중간중간 수시로 손 소독을 한다.

석고 마스크 본심사

01 | 소독 및 전처리

1 손 소독

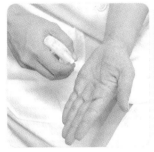

소독용 알코올 스프레이를 뿌리거나 알코올 솜으로 양 손등, 손바닥
및 손가락 사이사이를 소독한다.

2 도구 소독

사용한 소독솜은 바로
위생봉투에 버린다.

알코올 솜으로 스파츌라를 소독한다.

3 아이 & 립크림 바르기 (전처리)

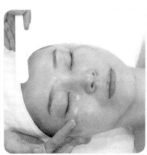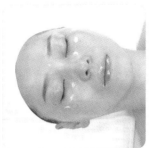

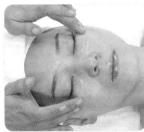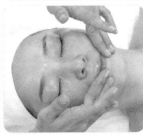

소독한 스파츌라에 아이 & 립크림을 짜서 손으로 눈과 입가에 찍고 양 손끝으로 가볍게 두드려 발라준다.
※ 사용한 스파츌라는 하단 보관통에 꽂는다.

02 | 석고 베이스 크림 바르기

▉ 도구 소독하기

알코올 솜으로 유리볼을 소독한다.

▉ 석고 베이스 크림 준비하기

유리볼에 석고 베이스 크림을 준비한다.

▉ 석고 베이스 크림 바르기

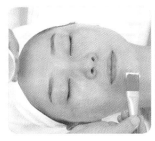 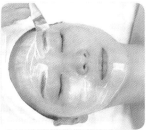 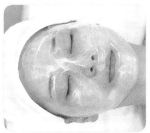

소독한 팩 브러시를 이용해 눈썹 포함해서 턱 밑까지 두께감 있게 신속하고 꼼꼼하게 바른다.
(반씩 나눠서 턱-볼-이마-코-볼-턱-인중-턱밑)
※ 충분한 양을 고르게 발라주며 사용한 유리볼과 팩 브러시는 하단에 있는 바구니와 보관통에 내려놓는다.

▉ 아이패드 올리기

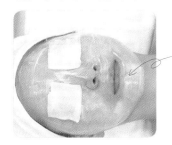

입술에는 올리지 않는다.

젖은 솜 2장을 눈 위에 밀착시켜 올려준다.

▉ 거즈 올리기

 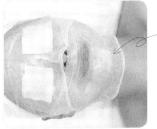

젖은 거즈를 올리는 이유 :
피부 자극을 최소화하고,
적정온도를 유지

젖은 거즈를 아래와 위로 나누어 밀착시켜 덮어준다.
※ 얼굴 크기의 거즈를 미리 잘라서 적셔놓고 준비한다.

03 | 석고 마스크 작업

1 석고 마스크 준비하기

빨리 굳을 수 있으므로 마스크가 너무 되지 않게 반죽한다.

소독된 고무볼에 미리 준비한 석고 마스크 1회분을 넣고 적당량의 물을 부어 스파출라로 신속하게 저으면서 반죽한다.

2 석고 마스크 도포하기

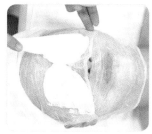 

1 **눈 도포하기** : 반죽된 마스크를 들고 스파출라로 한 번씩 떠서 올리고 펴주기를 반복하면서 작업부위를 벗어나지 않도록 도포한다. (반씩 나누어 눈 – 반대편 눈 – 이마 – 코 – 볼 – 반대편 볼 – 턱 – 인중 – 턱밑)

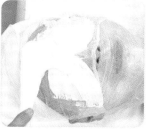 

2 **이마 도포하기** : 헤어라인을 깨끗하게 잡으면서 펴준다.

3 **코 도포하기** : 스파출라를 가볍게 누르며 펴주면서 두께를 준다.

4 **볼-턱 도포하기**
- 볼 : 안쪽에서 바깥쪽으로 바른 후 밑에서 위로 끌어올리면서 양쪽 볼을 펴준다.
- 인중 : 스파출라를 세워서 꼼꼼히 발라준다.
- 턱 : 스파출라 끝부분을 이용해서 제품을 올리고 부드럽게 펴준다.

턱밑 부분까지 꼼꼼하게 발라준다.

5 스파출라를 세워서 꼼꼼히 발라준다. 작업범위가 넘지 않도록 턱 밑까지 발라준다.
※ 얇은 부분에 석고를 덧바르며 균일한 두께로 발라준다.
※ 마스크가 굳기 전에 도포를 끝낼 수 있도록 한다.

6 **일정시간 대기** : 터번을 풀어주고 소타월로 목을 받쳐준다.
석고 마스크가 마를 때까지 일정시간 대기하면서 주변정리 및
손 소독을 한다.

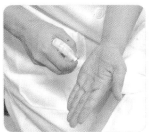

7 **마무리 준비** : 다시 터번을 채우고 손 소독을 한 후 마무리
작업 준비를 한다.

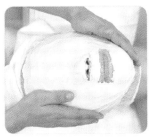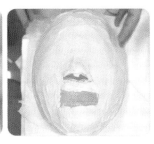

8 **석고 마스크 제거하기** : 굳은 석고 마스크를 양손으로 가장자리 부위를 조금씩 비틀면서
피부와 분리시킨 후 아래에서 위로 조심스럽게 제거한다.

마스크 도포 시 주의사항

- 마스크 작업부위(턱 밑까지)를 벗어나지 않도록 주의한다.
- 반죽된 마스크가 굳기 전에 도포를 끝낼 수 있도록 연습한다.
- 마스크 도포는 고르고 적당한 두께로 도포하며 신속하게 뭉치지 않게 발라준다.
- 제품의 양을 잘 조절하여 너무 많이 남지 않도록 주의한다.

04 │ **마무리** (해면＋냉습포＋토너정리＋크림 바르기)

■ 해면으로 닦아주기

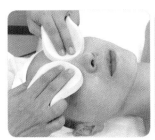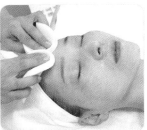

적당히 적셔진 해면 두 장으로 '눈 – 이마 – 코 – 볼 – 인중 – 입 – 턱 – 턱밑' 순서로 닦아준다.

2 냉습포로 닦아주기

비닐팩에서 냉습포 1개를 꺼내어 모델 얼굴 위에 올린 뒤 눈 − 이마 − 코 − 볼 − 인중 − 입 − 턱 − 턱밑 순서로 닦아준다.

3 토너로 정리하기

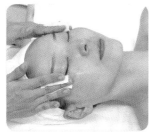 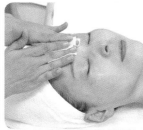  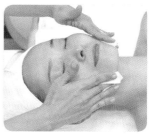

젖은 솜 두 장에 토너를 펌핑해서 눈 − 이마 − 코 − 볼 − 인중 − 입 − 턱 − 턱밑 순서로 정리해준다.

4 아이&립크림, 영양크림 바르기

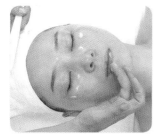  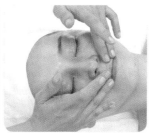

1 **아이 & 립크림 바르기** : 소독한 스파출라에 아이 & 립크림을 짜서 손으로 눈과 입가에 찍고
   양 손끝으로 가볍게 두드려 발라준다.

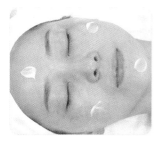 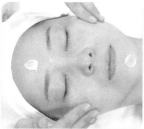

2 **영양크림 바르기 & 전체 마무리** : 소독한 스파출라로 영양크림을 떠서 얼굴에
   바르고 양손으로 가볍게 두드려 흡수시키며 1과제 마무리를 한다.
   ※사용한 스파출라는 하단 보관통에 꽂는다.
   ※여유롭게 끝났다면 터번정리 및 주변정리 후 손 소독을 한 후 대기한다.

마무리 주의사항
- 코 밑, 귀 부위, 헤어라인 주변에 제품의
  잔여물이 남아 있지 않도록 주의한다.
- 터번을 다시 매만지거나 손이 지저분할
  때는 작업 중간중간 수시로 손 소독을
  한다.

Course Preview

과제 02 팔·다리 관리

제3과제는 팔관리, 다리관리, 제모 세 과제를 실시합니다.
아래 표는 팔·다리 관리의 과제별 주요 과정을 비교·정리한 것이므로 충분히 숙지하시기 바랍니다.

1 팔다리 관리

	소독	토너로 닦기	오일 도포	매뉴얼 테크닉
시간배분	0.5min	1min	1min	팔(4min), 다리(9min)

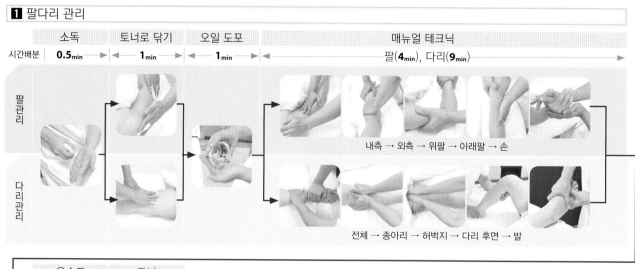

팔관리: 내측 → 외측 → 위팔 → 아래팔 → 손

다리관리: 전체 → 종아리 → 허벅지 → 다리 후면 → 발

온습포	토너
2min	1.5min

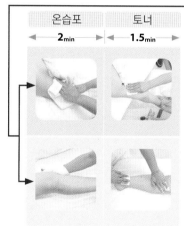

2 제모

	장갑착용 및 도구소독	파우더	왁스도포	부직포	부직포 제거	진정젤
시간배분	2min	1min	3min	1min	1min	2min

팔 · 다리 관리

ARMS · LEGS
TREATMENT

팔·다리관리 시험의 개요

1 실기시험 요구사항

아래 과정에 따라 모델에게 피부미용 작업을 실시하시오.

작업명		요구내용	시간	비고
손을 이용한 관리 (매뉴얼 테크닉)	팔(전체)	모델의 관리부위(오른쪽 팔, 오른쪽 다리)를 화장수를 사용하여 가볍고 신속하게 닦아낸 후 화장품(크림 혹은 오일타입)을 도포하고, 적절한 동작을 사용하여 관리하시오.	10분	총 작업시간의 90% 이상을 유지하시오.
	다리(전체)		15분	
제모		왁스 워머에 데워진 핫 왁스를 필요량만큼 용기에 덜어서 작업에 사용하고, 팔 또는 다리에 왁스를 부직포 길이에 적합한 면적만큼 도포한 후, 체모를 제거하고 제모부위의 피부를 정돈하시오.	10분	제모는 좌·우 구분이 없으며 부직포 제거 전 손을 들어 감독의 확인을 받으시오.

2 과제개요

작업시간	배점	관리범위		
		팔 관리	다리 관리	제모
35분	25점	오른쪽 팔	오른쪽 다리	좌우 팔 또는 다리 중 한쪽

3 심사기준

구분	팔·다리 관리				제모		
	위생 및 준비	제품 도포 (위생, 도포량, 신속성)	동작 (기본동작, 자세, 밀착감, 속도, 유연성, 리듬)	마무리	준비	관리방법	마무리
배점	5점	3점	8점	3점	2점	2점	2점

※ 심사기준은 실제 채점방식과 다를 수 있으나 핵심 요구사항은 유사하므로 참고하시면 도움이 됩니다.

4 심사 포인트

아래 과정에 따라 모델에게 피부미용 작업을 실시하시오.

구분		심사 포인트
사전심사		① 과제에 사용되는 화장품 및 사용 재료는 작업에 편리하도록 작업대에 정리하였는가? ② 모델을 관리에 적합하도록 준비하였는가?
본 심사	팔 관리	① 모델의 관리부위를 화장수를 사용하여 가볍고 신속하게 닦아낸 후 화장품(크림 혹은 오일타입)을 도포하였는가? ② 적절한 동작을 사용하여 팔관리를 하였는가? ③ 총 작업시간의 90% 이상을 유지하였는가?
	다리 관리	① 모델의 오른쪽 다리를 화장수를 사용하여 가볍고 신속하게 닦아낸 후 화장품(크림 혹은 오일타입)을 도포하였는가? ② 적절한 동작을 사용하여 다리 관리를 하였는가? ③ 총 작업시간의 90% 이상을 유지하였는가?
	제모	① 왁스 워머에 데워진 핫 왁스를 적합하게 사용하였는가? ② 왁스를 부직포 길이에 적합한 면적만큼 도포하였는가? ③ 작업 부위의 체모를 제대로 제거하였는가? ④ 제모 부위의 피부를 제대로 정돈하였는가?

5 작업대 세팅

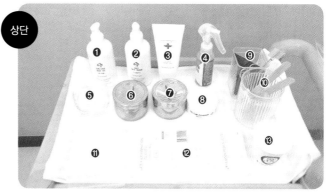

❶ 오일 　❷ 토너 　❸ 진정젤 　❹ 소독제 　❺ 유리볼(2개) 　❻ 알코올 솜통
❼ 젖은 솜통 　❽ 탈컴파우더 　❾ 가위, 브러시, 족집게 　❿ 나무 스파출라(2개)
⓫ 부직포(2장) 　⓬ 장갑(새 것) 　⓭ 종이컵

❶ 티슈 　❷ 쟁반　　　　　　　❶ 바구니 　❷ 보관통

6 베드 세팅

(1) 팔관리

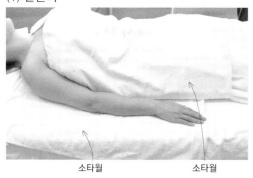

소타월　　　　　소타월

① 오른쪽 팔 밑에 소타월 1장을 깐다.

② 오른쪽 옆구리에 소타월 1장을 깐다.

※ 데콜테에 세팅된 소타월로 왼쪽 어깨를 가려주어도 된다.

※ 헤어터번은 사용하지 않는다.

(2) 다리관리

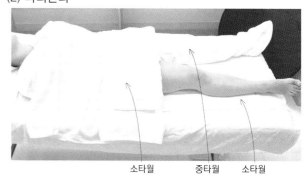

소타월　　　중타월　　　소타월

① 왼쪽다리는 중타월로 감싸준다.

② 오른쪽 다리 밑에 소타월 1장을 깐다.

③ 대타월을 걷어올린 부위에 소타월 1장을 덮는다.

※ 데콜테에 세팅된 소타월로 양 어깨를 가려주어도 된다.

팔관리 arms treatment

10 min

NCS 학습모듈

01 | 학습 목표 및 평가 준거

1. 손, 팔 피부 유형에 맞는 제품을 선택할 수 있다.
2. 손, 팔의 상태를 파악하고 목적에 맞는 매뉴얼 테크닉을 구사할 수 있다.
3. 시간, 속도, 리듬, 밀착, 세기를 고려하여 매뉴얼 테크닉을 구사할 수 있다.
4. 손끝에서 어깨까지 매뉴얼 테크닉을 적용할 수 있다.

02 | 평가자 체크리스트

평가항목	성취수준		
	상	중	하
손, 팔 관리의 위생적 수행 능력			
화장품 활용 방법 숙지 여부			
시간, 속도, 리듬, 밀착, 세기를 고려한 수행 능력			
5가지 매뉴얼테크닉 적용과 안배 능력			

03 | 작업장 평가

평가항목	성취수준		
	상	중	하
관리사의 복장상태 적합성 여부			
손, 팔 관리에 적합한 준비사항 수행 여부			
손, 팔 관리시 유의사항 준수 여부			
피부유형별 제품 선택 능력			
손, 팔 관리 부위에 적합한 매뉴얼테크닉 구사			
관리시 고객에 대한 배려 여부			

세부작업

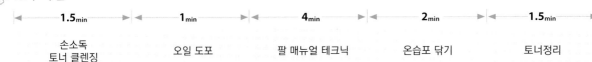

1.5min	1min	4min	2min	1.5min
손소독 토너 클렌징	오일 도포	팔 매뉴얼 테크닉	온습포 닦기	토너정리

도구 및 재료

소독용 알코올, 알코올솜, 유리볼 1개, 젖은 탈지면 4장, 토너, 오일(매뉴얼테크닉용), 온습포 1개

본심사

01 | 손 소독하기

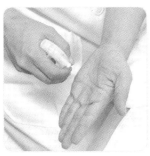 

사용한 소독솜은 바로
위생봉투에 버린다.

소독용 알코올 스프레이를 뿌리거나 알코올 솜으로
양 손등, 손바닥 및 손가락 사이사이를 소독한다.

02 | 토너로 팔 닦기

탈지면을 적당한 크기로
잘라서 준비해 간다.

1 2장의 탈지면에 토너를 적신다.

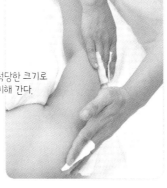

2 모델의 위팔(바깥쪽, 위쪽, 안쪽으로, 어깨에서 팔꿈치 방향으로)을 닦는다.

3 아래팔의 바깥쪽, 위쪽, 안쪽 순서로
자연스럽게 연결시키며 닦아준다.

4 바로 이어서 손등과 손가락
위쪽까지 닦아준다.

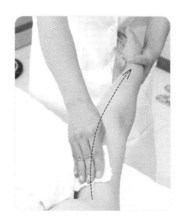

5 화장솜을 합쳐 안쪽을 전체적
으로 길게 닦아준다.

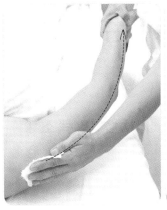

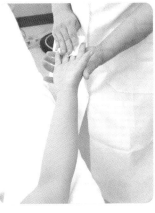

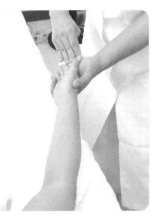

6 과정 5에 이어 바깥쪽을 전체 적으로 길게 닦아준다.

7 모델의 팔꿈치를 베드에 붙이 고 손을 45도 정도 위로 올린 상태에서 손가락 사이사이를 꼼꼼히 닦아준다.

8 마지막으로 손바닥을 닦아주고 베드 위에 손을 내려놓는다.

03 | 오일 도포하기

오일이 흘러내리지 않도록 주의한다.

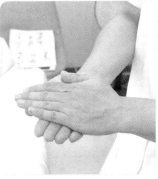

1 알코올 솜으로 유리볼을 소 독한다.

2 적당량의 오일을 유리볼에 덜 어낸다.

3 손바닥을 오목하게 하여 유리 볼의 오일을 손에 붓는다.

4 손에 덜어낸 오일을 손바닥을 사용하여 문질러 준다.

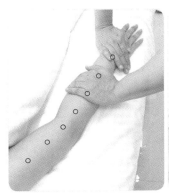

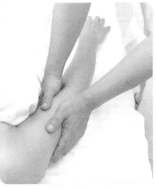

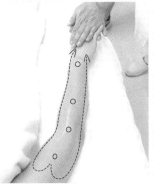

5 모델의 팔에 오일을 5~6번 정도 찍으면서 올라간다.

6 팔 전체를 감싸듯 내려오면서 오일을 도포한다.

7 손을 아래로 향하게 두고, 두 손으로 손등과 손바닥으 로 감싸 오일을 도포하며 빼 준다.

8 쓰다듬기 동작을 몇차례 더해 주며 오일을 도포한다.

04 | 팔 매뉴얼 테크닉 하기

- 5가지 기본동작(쓰다듬기, 문지르기, 주무르기, 두드리기, 떨기)을 부위별로 적합하게 관리한다.
- 수험자는 모델의 얼굴을 향한 상태에서 허리를 너무 숙이지 않고, 동작에 따라 앞뒤로 또는 좌우로 어깨 너비로 벌려 무릎을 구부리며 체중을 실어 몸을 자연스럽게 움직이면서 작업을 한다.
- 동작은 유연하게 연결한다.
- 동작의 밀착감, 리듬감이 적합해야 하며, 일정한 속도를 유지해야 한다.
- 부위에 따라 동작을 적절히 안배해야 한다.
- 손 관리가 전체 관리의 20%를 넘지 않도록 한다.

■1 팔 전체 쓰다듬기 (에플라쥐)

모델의 팔은 손바닥이 아래로 향하도록 내려놓는다.

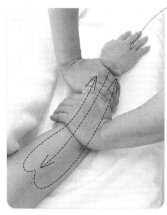 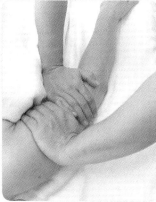 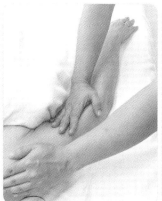 

1 양손을 겹치지 않고 차례로 놓고 손목에서 시작하여 어깨 쪽으로 손바닥을 밀착시켜 천천히 올라간다.

2 팔 안쪽은 오른손으로, 바깥쪽은 왼손으로 어깨를 감싸며 부드럽게 내려온다.

■2 팔 내측 관리

❶ 쓰다듬기

앞 동작을 마무리하면서 팔 내측 관리를 위해 모델의 손등이 자연스럽게 아래를 향하도록 한다.

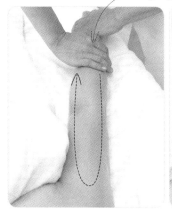  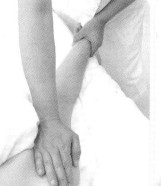 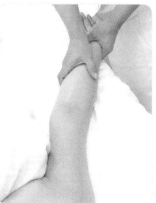

왼손으로 모델의 손목을 잡은 상태에서 오른손 손바닥으로 모델의 손목에서부터 겨드랑이까지 올라가서 쓸어주며 내려온다.

❷ 문지르기

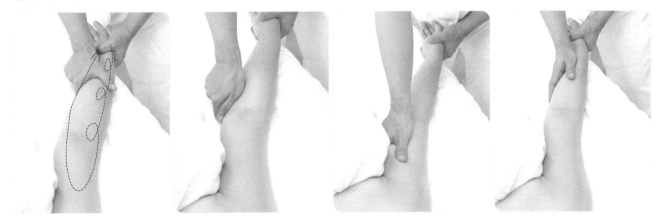

팔 내측을 오른손 엄지 측면 부위를 이용하여 나선형 모양으로 문지르며 올라갔다 가볍게 쓸면서 내려온다.

❸ 반죽하기

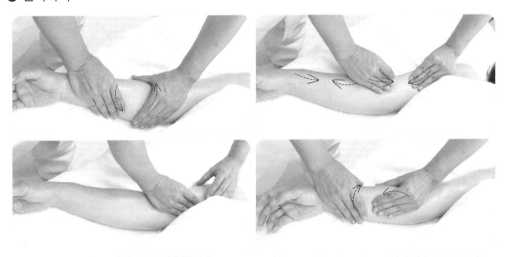

양손으로 팔을 둥글게 감싸며 짜면서 비틀어 주듯 양손을 주물러준다. 손을 좌우로 퍼올리듯이 번갈아가며 팔 내측 부위를 손목에서 겨드랑이 부위까지 반죽하며 올라갔다가 반죽하며 내려온다.

❹ 쓰다듬기

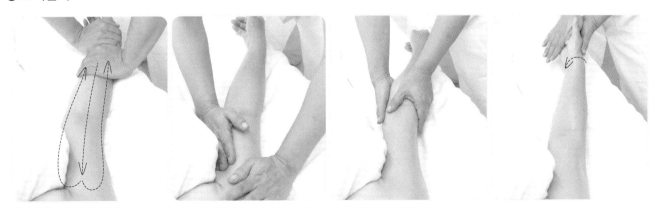

양손으로 손목 안쪽에서 겨드랑이까지 쓰다듬기 하고 내려오면서 팔을 외측 방향으로 돌린다.

❶ 쓰다듬기

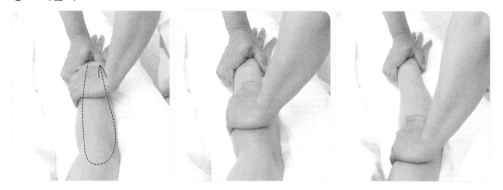

1 오른손으로 모델의 손목을 잡고 왼손으로 손목에서 어깨까지 밀착력 있게 올라간다.

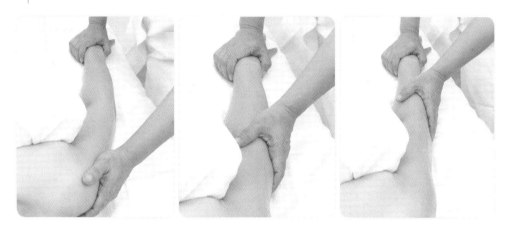

2 왼손 손바닥으로 어깨를 감싸듯 쓸어주며 손목까지 팔 외측을 쓰다듬어 내려온다.

❷ 문지르기

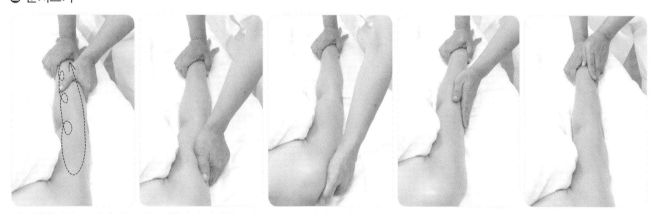

팔 외측을 왼손 엄지 측면 부위를 이용하여 나선형 모양으로 문지르며 올라갔다 가볍게 쓰다듬기를 하며 내려온다.

❸ 반죽하기

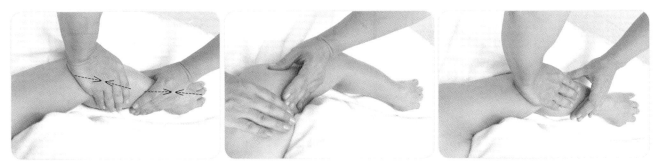

1 양손으로 팔을 둥글게 감싸며 비틀어 주듯 양손을 번갈아가며 팔 외측 부위를 손목에서 어깨 부위까지 반죽하며 올라갔다가 반죽하며 내려온다.

2 양손으로 팔을 둥글게 감싸며 번갈아가며 손목에서 겨드랑이까지, 겨드랑이에서 다시 손목까지 반죽하기를 하며 왕복한다. 전체 왕복 2차례 정도 한다.

❹ 쓰다듬기

1 모델의 몸과 평행하게 서서 손바닥으로 모델의 손목에서 어깨까지 양 끝에서 중앙으로 모으며 쓰다듬기 한다.

2 모델의 몸과 평행하게 서서 양손으로 팔을 가볍게 감싸고 손목에서 어깨까지 쓸어올리고 다시 어깨에서 손목까지 쓸어내려주는 동작을 5~8차례 반복한다.

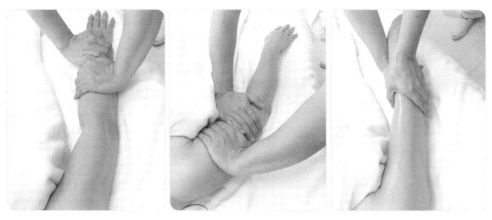

3 팔 전체를 손목부터 어깨까지 감싸듯 올라가서 쓰다듬기 하며 내려온다.

4 위팔 관리

❶ 문지르기

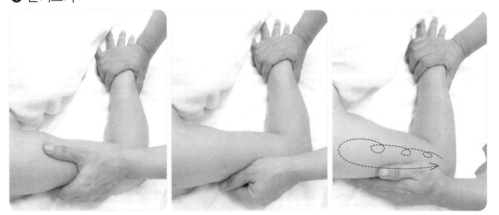

팔꿈치를 '〉' 모양으로 꺽은 후 위팔 부위를 왼손 엄지 측면으로 나선형으로 굴려서 문지르며 어깨까지 올라갔다가 손바닥으로 쓸면서 팔꿈치까지 내려온다.

❷ 쓰다듬기

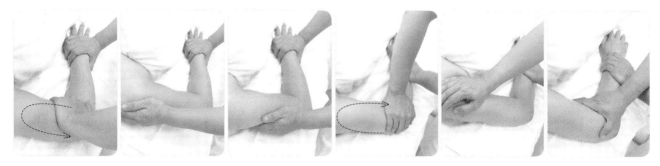

1 오른손으로 모델의 손목을 잡고 왼손바닥으로 모델의 팔꿈치부터 어깨까지 쓰다듬기하면서 올라갔다 자연스럽게 내려온다. 손을 바꿔서 교대로 실시한다.

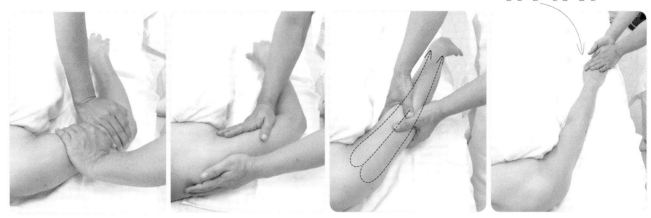

구부러진 팔을 원래대로 펴주면서
아래팔 관리를 위한 준비를 한다.

2 양손으로 팔꿈치부터 어깨까지 쓰다듬기하면서 올라갔다가 팔목까지 내려오면서 팔을 원래대로 펴준다.

5 아래팔 관리

❶ 문지르기

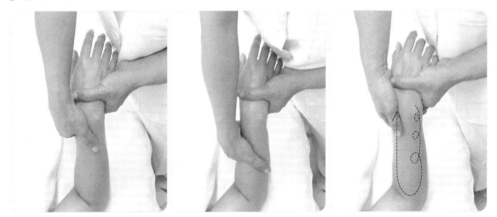

팔꿈치를 베드에 대고 팔을 세운 후 오른손 엄지로 손목에서 팔꿈치 쪽으로 나선형으로 올라갔다가 손바닥으로 팔의 외곽을 쓸며 손목 쪽으로 내려온다.

❷ 쓰다듬기

아래팔 부위를 왼손과 오른손을 교대로 손목에서 팔꿈치까지 손바닥으로 쓸어주면서 올라갔다 내려온다.

6 손 관리

❶ 손등 쓸어주기

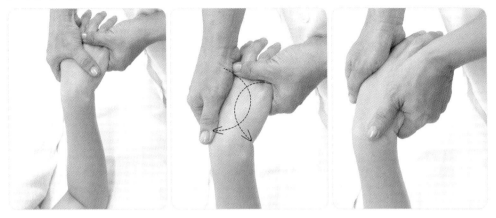

팔꿈치를 세운 상태에서 손등 전체를 엄지 수근을 이용하여 교대로 반원을 그리듯 쓸어준다.

❷ 손가락 자극하기 (롤링하기)

1 모델의 팔꿈치를 베드에 붙인 상태에서 엄지를 이용하여 손가락 마디를 부드럽게 원을 그리며 롤링해준다.

2 왼손으로 엄지 · 검지 · 중지를, 오른손으로 약지 · 소지를 차례대로 롤링해준다.

❸ 손바닥 문지르기

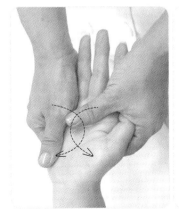
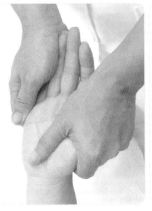
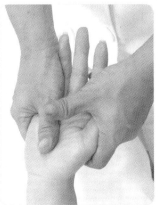

손바닥을 위로 향하게 돌려 양 엄지를 이용해 부드럽게 포물선을 그리듯 반원을 그린다.

❹ 손 흔들기

양손의 엄지와 검지 사이에 모델의 엄지와 새끼손가락을 끼운 후 손을 좌우로 흔들어 준다.

❺ 손목 스트레칭하기

손목을 너무 꺾지 않도록 주의한다.

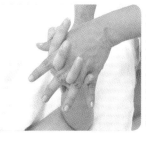   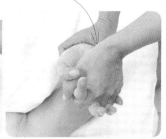

1 모델의 팔 아래부위를 들어 90도 각도로 접어 세워 한손으로는 팔목을 잡아 지지하는 느낌으로 받쳐준다.

2 모델의 손바닥과 수험자의 손바닥을 서로 마주잡고 손가락 깍지를 낀다. 천천히 안과 밖으로 구부렸다 젖히며 스트레칭을 해준다.

3 손목을 팔 안쪽과 바깥쪽으로 번갈아가며 천천히 회전시켜 준다.
※ 오른손으로 주먹을 쥐고 가볍게 손바닥을 두드려줘도 된다.

❻ 손등 쓸어주기

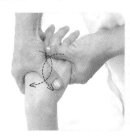  

양손 엄지 측면을 사용하여 손등을 안쪽에서 바깥쪽으로 가볍게 쓸어 준다.

7 마무리

❶ 바이브레이션

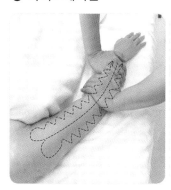 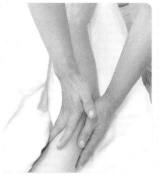 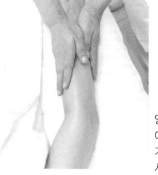

양 손바닥을 밀착시켜 모델의 손목에서부터 어깨까지 부드럽게 올라가서 어깨에서 손등까지 내려오면서 진동을 주듯 흔들어준다.

❷ 쓰다듬기

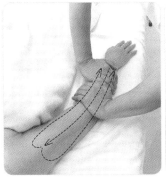 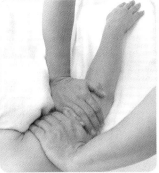  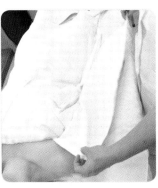

1 양 손바닥을 교대로 밀착시켜 손목에서 어깨까지 부드럽게 올라가서 다시 손등까지 내려오면서 쓰다듬기 한다.

2 쓰다듬기가 끝나면 옆구리에 세팅되어 있던 작은 타월로 팔을 덮어둔다.

05 │ 온습포로 닦아내기

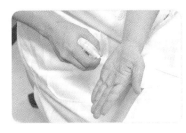  

1 마른수건이나 키친타월로 손의 오일을 닦고 스프레이 손소독을 한다.

2 온장고에 있는 온습포를 집게로 꺼낸 후 쟁반 위에 올려 놓는다.(팔에 덮힌 타월을 걷어준다.)

3 손목 안쪽으로 온습포의 온도를 체크한다.

4 길게 반으로 접힌 온습포를 팔 부위에 올려놓는다.

5 접힌 온습포를 펴고 팔꿈치에서 양끝 방향으로 1~2차례 쓰다듬는다.

6 온습포 위쪽을 중지손가락에 끼운다.

7 위팔 부위(어깨에서 팔꿈치)를 바깥쪽, 위쪽, 안쪽 순서로 위에서 아래로 깨끗이 닦아준다.

8 온타월을 팔꿈치에서 약 1/3 정도 아래로 접는다.

9 아래팔 부위(팔꿈치에서 팔목)를 바깥쪽, 위쪽, 안쪽 순서로 위에서 아래로 깨끗이 닦아준다.

10 온타월 나머지 1/3 부분을 아래로 마저 접는다.

11 손등과 손바닥을 쓸어주며 닦아준다.

12 3등분으로 접힌 온타월의 사용한 부위를 한 번 접는다.

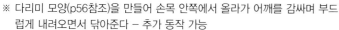

13 팔을 살짝 들어 팔 뒷면을 겨드랑이에서 손목까지 팔 안쪽과 바깥쪽을 길게 1~2차례씩 닦아준다.
※ 다리미 모양(p56참조)을 만들어 손목 안쪽에서 올라가 어깨를 감싸며 부드럽게 내려오면서 닦아준다 – 추가 동작 가능

14 모델의 손을 들어 온타월의 안 쓴 부위를 이용하여 손가락 사이사이를 꼼꼼하게 닦아준다.
※ 사용한 습포는 잘 접어 트레이 하단에 가지런히 넣는다.

06 | 토너 정리하기

1 토너로 탈지면을 적신다.

2 모델의 위팔(바깥쪽, 위쪽, 안쪽으로, 위에서 아래로)을 닦는다.

3 모델의 아래팔(바깥쪽, 위쪽, 안쪽으로, 위에서 아래로)을 닦는다.

4 바로 이어서 손등과 손가락 위쪽까지 닦아준다.

5 화장솜을 합쳐 양면을 이용하여 팔 뒷면을 양손 번갈아 길게 닦아준다.

6 모델의 팔꿈치를 베드에 붙이고 손을 45도 정도 위로 올린 상태에서 손가락 사이사이를 꼼꼼히 닦아준다.

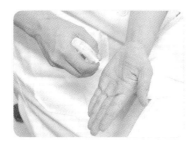

7 마지막으로 손바닥을 닦아주고 베드 위에 손을 내려놓는다.

8 스프레이 알코올로 수험자의 손을 소독한다.

Check Point
• 관리 후 모델의 겨드랑이, 팔, 팔 아래, 손가락 사이에 오일이 제대로 제거되었는지, 또 부위별로 청결하게 마무리되었는지 점검한다.

• 관리 후 주변을 정리정돈한다.
• 감독관의 검사가 끝나면 노출 부위를 수건으로 다시 덮는다.
• 감독관이 자리를 뜨고 나면 팔 아래 수건과 대형타월 위에 보조수건을 접어 하단 바구니에 넣고 주변 정리정돈을 깨끗하게 한다.

다리관리 legs treatment

NCS 학습모듈

01 | 학습 목표 및 평가 준거

1. 고객의 발, 다리 피부를 파악하여 금기해야 할 관리를 피할 수 있다.
2. 발과 다리 피부 유형에 맞는 제품을 선택할 수 있다.
3. 발과 다리의 상태를 파악하고 목적에 맞는 매뉴얼테크닉을 적용할 수 있다.
4. 시간, 속도, 리듬, 밀착, 세기를 고려하여 발, 다리 매뉴얼 테크닉을 구사할 수 있다.
5. 발부터 둔부까지 매뉴얼 테크닉을 적용할 수 있다.

02 | 평가자 체크리스트

평가항목	성취수준		
	상	중	하
부적용 대상 구분 능력			
유형에 맞는 제품 선택 능력			
5가지 동작 안배 능력			
위생적인 발, 다리 관리 능력			

03 | 작업장 평가

평가항목	성취수준		
	상	중	하
관리사의 복장상태 적합성 여부			
발, 다리 관리에 적합한 준비사항 수행 여부			
발, 다리 관리시 유의사항 준수 여부			
피부유형별 제품 선택 능력			
발, 다리 각 부위에 적합한 매뉴얼테크닉 구사			
관리시 고객에 대한 배려 여부			

세부작업

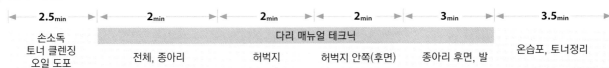

2.5min	2min	2min	2min	3min	3.5min
손소독 토너 클렌징 오일 도포	전체, 종아리	허벅지	허벅지 안쪽(후면)	종아리 후면, 발	온습포, 토너정리

다리 매뉴얼 테크닉 (전체, 종아리 / 허벅지 / 허벅지 안쪽(후면) / 종아리 후면, 발)

도구 및 재료

소독용 알코올, 알코올솜, 유리볼 1개, 젖은 탈지면 4장, 토너, 오일(매뉴얼테크닉용), 온습포 1개

본심사

01 | 손 소독하기

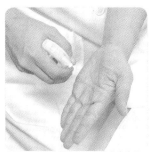 

사용한 소독솜은 바로
위생봉투에 버린다.

소독용 알코올 스프레이를 뿌리거나 알코올 솜으로 양 손등, 손바닥
및 손가락 사이사이를 소독한다.

02 | 토너로 다리 전체 닦기

 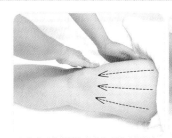

1 적당한 크기의 탈지면
2장에 토너를 적신다.

2 양손으로 번갈아가며 대퇴부 바깥쪽, 위쪽, 안쪽 순서로 위에서 아래로 깨끗이 닦아준다.

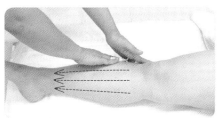 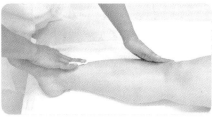 

3 종아리 부위(무릎에서 발목)를 바깥쪽, 위쪽, 안쪽 순서로 위에서 아래로 깨끗이 닦아준다.

4 발등, 발가락, 발바닥을 깨끗이 닦아준다.

5 화장솜 사용한 면을 합친다.

6 다리를 한손으로 살짝 들어 다리 후면을 손을 번갈아 가며 한 번씩 길게 닦아준다.

7 발가락 사이를 꼼꼼히 닦아준다.

03 │ 오일 도포하기

1 알코올 솜으로 유리볼을 소독한다.

2 적당량의 오일을 유리볼에 덜어낸다.

3 손바닥을 오목하게 하여 유리볼의 오일을 손에 덜어낸다.
※ 오일이 흘러내리지 않도록 주의한다.

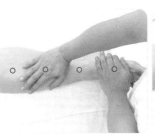

4 손에 덜어낸 오일을 손바닥으로 문질러 준다.

5 손바닥의 오일을 모델의 다리 위(발목→대퇴부)에 한손씩 찍어 바르며 올라간다.

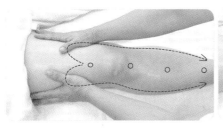

6 대퇴부에서 양손을 갈라지듯 반원을 그려 감싸듯 쓰다듬으며 내려온다.

7 양손으로 발등과 발바닥을 감싸서 빼주며 오일을 도포한다.

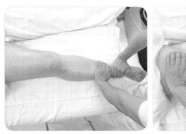 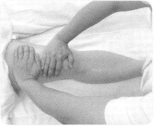 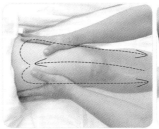 

8 양손을 차례로 발목 부위에 감싸듯 잡고 대퇴부 방향으로 올라가며 다시 한 번 오일을 도포한다.

9 대퇴부에서 반원을 그리며 양손바닥을 이용해 오일을 골고루 도포하며 내려온다.

10 발등과 발바닥도 빼주며 오일을 도포한다.

04 | 매뉴얼 테크닉 하기

- 5가지 기본동작(쓰다듬기, 문지르기, 주무르기, 두드리기, 떨기)을 부위별로 적합하게 관리한다.
- 수험자는 모델의 얼굴을 향한 상태에서 허리를 너무 숙이지 않고, 동작에 따라 앞뒤로 또는 좌우로 벌려 무릎을 구부리며 체중을 실어 몸을 자연스럽게 움직이면서 작업을 한다.
- 동작은 유연하게 연결한다.
- 동작의 밀착감, 리듬감이 적합해야 하며, 일정한 속도를 유지해야 한다.
- 부위에 따라 동작을 적절히 안배해야 한다.
- 발 관리가 전체 관리의 20%를 넘지 않도록 한다.

1 다리 전체 쓰다듬기 (에플라쥐)

1 양 손바닥을 이용하여 밀착력 있게 발목에서 대퇴부까지 올라가서 다리를 감싸며 내려오면서 발등, 발바닥까지 쓰다듬기를 한다.

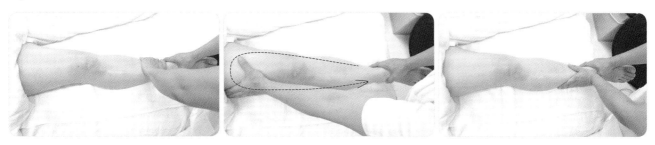

2 오른손으로 모델의 안쪽 발목을 잡고 왼손으로 모델의 발목에서 대퇴부까지 길게 올라가서 바깥 측면을 타고 길게 쓰다듬기를 하며 내려온다.

3 왼손으로 발목을 잡고 오른손으로 모델의 발목에서 대퇴부까지 길게 올라가서 안쪽 측면을 타고 길게 쓰다듬기를 하며 내려온다.

4 엄지 전체를 중심으로 교대로 번갈아가며 나선형 부채꼴 모양으로 발목에서부터 대퇴부까지 문지르며 올라간다.

5 양손으로 대퇴부에서 발목까지 양 측면을 따라서 감싸듯 길게 쓸면서 내려온다.

2 발목–무릎 관리

❶ 쓰다듬기

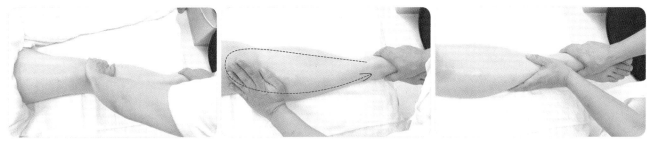

1 오른손으로 발을 잡고 왼손 손바닥을 이용하여 발목에서 내측으로 무릎까지 올라가서 무릎 부위를 돌려주고 종아리 외측을 쓰다듬어 내려온다.

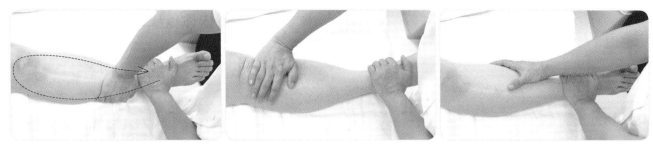

2 왼손으로 발을 잡고 오른손 손바닥을 이용하여 발목에서 무릎까지 외측으로 올라가서 무릎 부위를 돌려주고 종아리 내측을 쓰다듬어 내려 온다.

❷ 문지르기

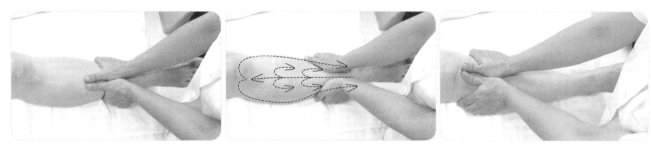

1 발목부터 무릎까지 양 엄지로 동시에 하트모양으로 반원을 그리며 올라간다.

2 무릎에서 발목까지 양 측면을 따라 쓸어내리면서 내려온다.

❸ 반죽하기

※수험자의 다리를 살짝 구부렸다 폈다 하며 자연스럽게 체중을 실어 리듬을 타듯 동작 을 실시한다.

다리와 평행하게 서서 양손 교대로 주무르듯 잡아주며 발목에서 무릎까지 왕복하며 반죽하기를 한 다. 유연성, 밀착성, 동작의 연결성, 리듬감이 있게 한다.

❹ 다리 전체 쓰다듬기

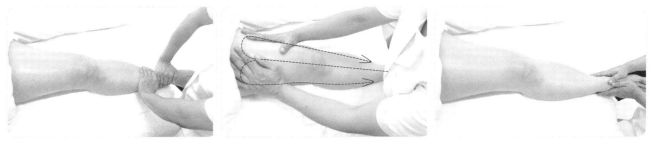

양 손바닥을 이용하여 밀착력 있게 발목에서 대퇴부까지 올라가서 다리를 감싸며 내려오면서 발등, 발바닥까지 쓰다듬기를 한다.

❸ 허벅지 전면 관리

❶ 문지르기

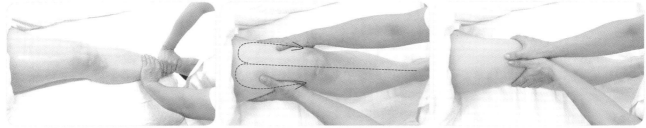

1. 양 손바닥을 이용하여 발목에서 대퇴부까지 올라가서 양 측면으로 무릎까지 쓰다듬기하며 내려온다.

2. 무릎에서 위쪽으로 양 엄지를 교대로 하트 모양으로 반원을 그리며 올라간다.

3. 대퇴부 맨 위에서 양 측면 쪽으로 무릎까지 내려와 다시 2번 과정부터 반복한다.

❷ 반죽하기

1. 다리와 평행으로 서서 양손 교대로 주무르듯 잡아주며 허벅지 안쪽, 허벅지 위, 허벅지 바깥쪽 순서로 왕복하며 세로방향으로 반죽하기를 해준다. ※이 동작은 리듬을 타듯 몸과 양팔을 좌우로 움직이며 체중을 실어 실시한다.

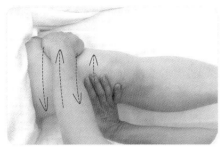 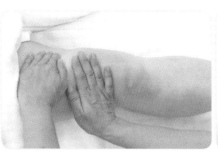 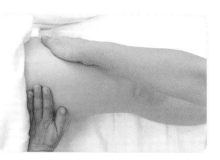

2 양 손바닥을 밀착시켜 허벅지를 짜듯이 11자 방향으로 비틀면서 왕복하며 반죽하기 한다.

❸ 바이브레이션

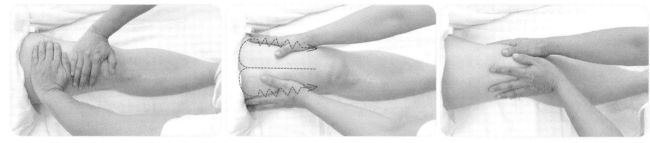

양 손바닥을 밀착시켜 무릎 부위에서 위로 올라갔다 양 측면으로 내려오면서 진동을 주듯 흔들어 바이브레이션 동작을 한다.

❹ 다리 전체 쓰다듬기

1 양 손바닥을 이용하여 밀착력 있게 발목에서 대퇴부까지 올라가서 다리를 감싸며 내려오면서 발등, 발바닥까지 쓰다듬기를 한다.

2 다음 동작을 위해 다리 쓰다듬기 마지막 횟수에서 내려오면서 무릎을 구부려서 다리를 'ㄴ'자 모양으로 접는다.

4 허벅지 후면 관리

❶ 쓰다듬기

무릎 쪽에 서서 양손으로 허벅지 안쪽을 올라갔다 내려오며 쓰다듬기 한다.

❷ 문지르기

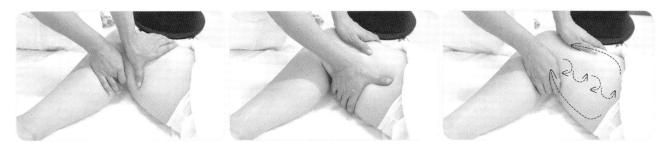

1 양 엄지손가락을 번갈아가며 나선형으로 문지르기 하며 올라갔다 쓸면서 내려온다.

2 양 엄지손가락으로 동시에 허벅지 안쪽 부위에 반원을 그리며 하트 모양으로 문지르기하며 올라갔다 쓸면서 내려온다.

❸ 반죽하기

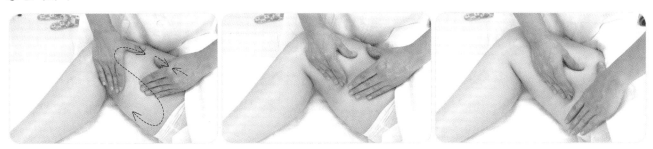

양손을 번갈아 주무르듯 잡아주며 허벅지 안쪽을 반죽하기 한다.

❹ 쓰다듬기

양손으로 허벅지 안쪽을 쓰다듬기하면서 올라갔다가 무릎까지 쓸면서 내려온다.

5 종아리 후면 관리

❶ 쓸어 올리기

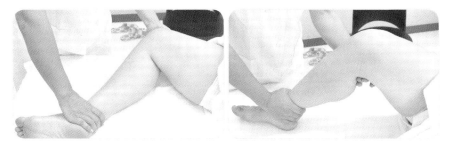

1 모델의 무릎을 한손으로 받치며 무릎이 위를 바라보게 하여 세운다.

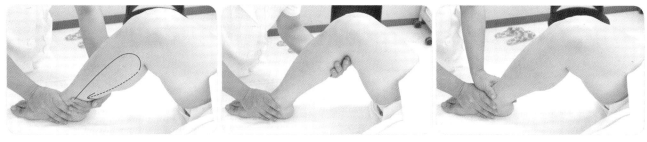

2 왼손바닥으로 종아리 후면 내측에서 쓸어 올렸다 외측 방향으로 부드럽게 내려온다.

3 오른손바닥으로 종아리 후면 외측으로 쓸어 올렸다 내측 방향으로 가볍게 내려온다.
　※ 양손으로 번갈아가며 쓸어 올렸다 내리기를 각각 3~4차례 반복한다.

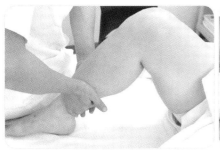  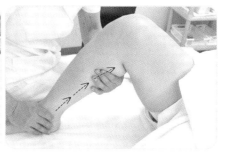

4 양손을 동시에 발목(아킬레스건)에서부터 위쪽(슬와)으로 쓸어올리고, 양손 각각 내·외측 면으로 부드럽게 내려온다.

5 오른손으로 발등을 잡고 왼손으로 발목 (아킬레스건) 부위부터 퍼 올리듯이 주무르며 올라간다.

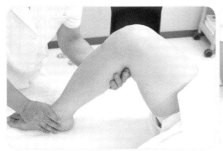  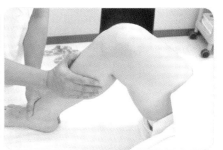

6 오른 손바닥으로 종아리 후면 외측으로 쓸어올렸다 내측방향으로 가볍게 내려온다.

❷ 다리 전체 쓰다듬기

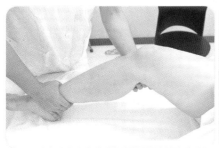 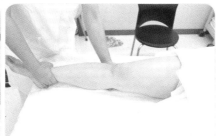 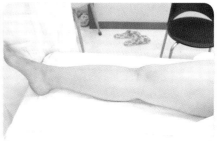

1 한 손으로는 발목을 잡고 다른 한 손으로 무릎의 뒤를 받쳐주며 다리를 펴준다.

2 양 손바닥을 이용하여 밀착력 있게 발목에서 대퇴부까지 올라가서 다리를 감싸며 내려오면서 발등, 발바닥까지 쓰다듬기를 한다.

1 왼손은 모델의 발등을 감싸고, 오른손은 발바닥을 감싸며 발등과 발바닥을 위아래로 움직이면서 쓰다듬는다.

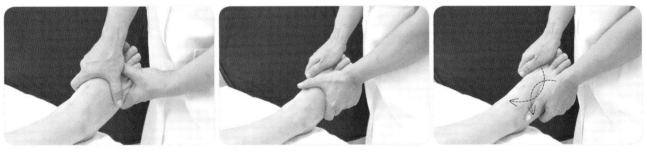

2 양 엄지 수근을 이용해서 발등을 번갈아가며 서클 동작을 해주며, 쓰다듬기를 한다.

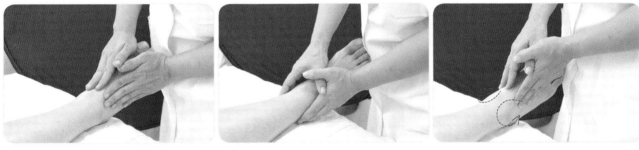

3 복사뼈 주변을 양 4지로 손가락 끝 중심으로 원을 그리며 둥글려 쓰다듬기를 한다.

4 발목 부위에 들어간 부분을 양 엄지의 지문 부위를 이용하여 위 아래로 문지른다.

5 발등 부위부터 다섯 발가락을 차례로 부드럽게 나선형으로 롤링하여 문지르며 빼준다. 오른손으로 1~3지, 왼손으로 4, 5지를 천천히 동작해준다.

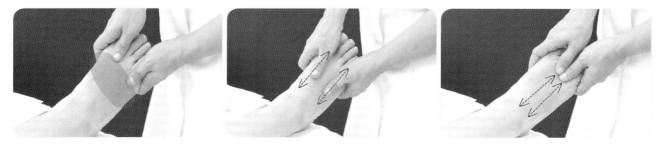

6 양 엄지손가락을 동시에 종족골 사이(바깥쪽 2줄과 안쪽 2줄)를 위아래로 문지르기 한다.
※ 왼손으로 발가락을 잡고 오른손으로 주먹을 쥐고 가볍게 발바닥을 두드려줘도 된다.

7 양 엄지 수근을 이용해서 발등을 번갈아가며 서클 동작을 해주며, 쓰다듬기를 한다.

7 다리 전체 바이브레이션

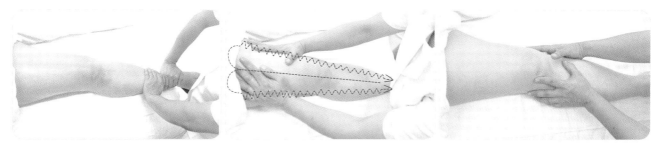

양 손바닥을 이용하여 밀착력 있게 발목에서 대퇴부까지 올라가서 흔들며 진동을 주는 바이브레이션 동작으로 대퇴부 측면에서 발목까지 내려온다.

1 양 손바닥을 이용하여 밀착력 있게 발목에서 대퇴부까지 올라가서 다리를 감싸며 내려오면서 발등, 발바닥까지 쓰다듬기를 한다.

2 1번 동작 마지막 횟수에서 양손 각각 발등과 발바닥을 부드럽게 빼주며 마무리한다.
온습포를 가지러 가기 전에 허벅지 윗부분에 세팅되어 있는 타월로 다리를 덮는다.

05 | 온습포로 닦아내기

| 감점요인 |
• 습포 사용 후 피부에 오일이 남아 있을 경우

1 마른수건이나 키친타월로 손의 오일을 닦고 스프레이 손소독을 한다.

2 온습포를 쟁반 위에 올려놓은 상태로 가져온다. (다리에 덮힌 타월을 걷어준다.)

3 손목 안쪽으로 온습포의 온도를 체크한다.

4 길게 반으로 접은 온습포를 다리에 올리고 접힌 반은 펴준다.

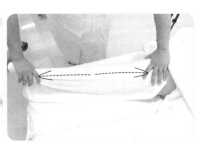

5 무릎에서 발목과 대퇴부의 양끝으로 1~2차례 쓰다듬는다.

02

6   온습포 위쪽을 중지손가락에 끼운다.

7   허벅지 부위를 바깥쪽, 위쪽, 안쪽 순서로 위에서 아래로 깨끗이 닦아준다.

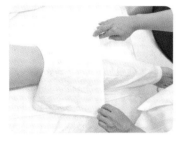

8   무릎 부위에서 온타월을 약 1/3 정도 아래로 접는다.

9   무릎에서 발목까지 바깥쪽, 위쪽, 안쪽 순서로 위에서 아래로 깨끗이 닦아준다.

10   온타월 나머지 1/3 부분을 아래로 마저 접는다.

11   발등과 발바닥을 쓸어주며 닦아준다.

12   3등분으로 접힌 온타월의 사용한 부위를 한 번 접는다.

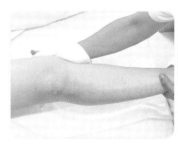
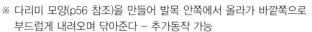

13   다리를 살짝 들어 다리의 뒷면을 대퇴부에서 발목까지 내측과 외측을 길게 번갈아가며 1~2차례씩 닦는다.

※ 다리미 모양(p56 참조)을 만들어 발목 안쪽에서 올라가 바깥쪽으로 부드럽게 내려오며 닦아준다 – 추가동작 가능

14   온타월의 안 쓴 부위를 이용하여 발등, 발바닥, 발가락 사이사이를 꼼꼼하게 닦는다.

※ 사용한 온습포는 잘 접어서 하단의 바구니에 보기 좋게 정리한다.

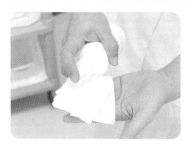

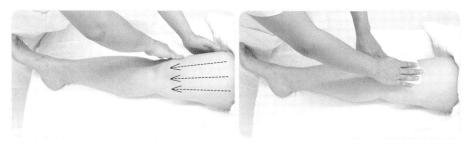

1 토너로 탈지면을 적신다.

2 양손으로 번갈아가며 대퇴부 바깥쪽, 위쪽, 안쪽 순서로 위에서 아래로 깨끗이 닦아준다.

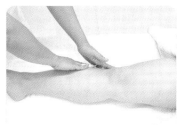

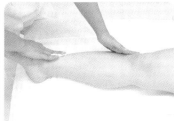

3 양손으로 번갈아가며 무릎에서 발목까지 바깥쪽, 위쪽, 안쪽 순서로 위에서 아래로 깨끗이 닦아준다.

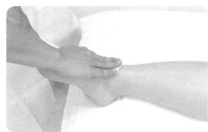

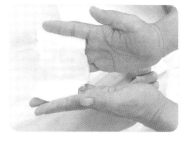

4 발등, 발가락, 발바닥을 깨끗이 닦아준다.

5 화장솜 사용한 면을 합친다.

6 다리를 한손으로 살짝 들어 다리 후면을 손을 번갈아 가며 한 번씩 길게 닦아준다.

7 발가락 사이를 꼼꼼히 닦아준다.

※ 다리관리 후 잔여물 체크 : 무릎 뒤, 서혜부 근처, 다리 후면, 발가락 사이 등의 유분감

Check Point
• 손바닥 전체를 이용하여 밀착감 있게 토너 처리를 해준다.
• 관리 후 부위별로 청결하게 마무리한다.
• 관리 후 주변을 깨끗하게 정리 정돈한다.

ARMS·LEGS TREATMENT ③

제모 waxing

10 min

NCS 학습모듈

01 │ 학습 목표 및 평가 준거

1. 얼굴 제모 부위에 맞는 왁스를 선택할 수 있다.
2. 신체 부위별 왁스를 선택하고 도구를 준비할 수 있다.
3. 얼굴 제모 부위의 털 길이를 조절할 수 있다.
4. 얼굴 제모 부위에 전처리제를 이용하여 소독할 수 있다.
5. 얼굴 제모 부위를 보호용 제품으로 도포할 수 있다.
6. 선택된 왁스를 녹여서 제모 부위에 도포할 수 있다.
7. 왁스가 굳은 후 제모 부위에 맞게 나누어 제거할 수 있다.
8. 제모 부위의 잔여 왁스를 제거한 후 진정 제품으로 마무리 할 수 있다.

9. 제모할 부위에 털의 길이를 조절할 수 있다.
10. 제모할 부위를 소독할 수 있다.
11. 수분 제거용 파우더와 왁스를 바를 수 있다.
12. 부위에 맞게 부직포를 밀착하여 떼어낸 후 남은 털을 족집게 로 정리할 수 있다.
13. 제모 부위를 진정 제품으로 정돈할 수 있다.

02 │ 평가자 체크리스트

평가항목		성취수준		
		상	중	하
제모를 위한 사전준비	피부미용사의 위생적 복장상태			
	신체 부위별 제모 부위에 맞는 왁스 선택			
	신체 부위별 제모관리를 위한 도구 준비			
	제모 부위별 털 길이 조절			
	제모 부위별 전 처리제를 이용한 소독			
	제모 부위별 수분 제거용 파우더 도포 작업			
제모 테크닉	제모 부위별 보호용 제품 도포			
	선택된 왁스를 녹여서 제모 부위 도포 작업			
	왁스가 굳은 후 제모 부위별 적합한 왁스 제거 작업			
	제모 부위별 잔여 왁스 제거와 진정 관리 작업			

03 │ 작업장 평가

평가항목		성취수준		
		상	중	하
제모를 위한 사전준비	피부미용사의 복장 상태 적합성 여부			
	제모용 재료의 위생적 준비성 여부			
	제모하기 적합한 고객 준비성 여부 (위생, 털 길이 등)			
제모 테크닉	유·수분 제거 과정 실행 여부			
	왁스 도포 전 온도 테스트 실행 여부			
	왁스 도포 두께와 방향의 정확한 실행 여부			
	왁스 제거 방향의 정확한 실행 여부			
	제모 후 진정관리 실행 여부			

세부작업

1 min	1 min	1 min	3 min	2 min	2 min
장갑 착용 소독	제모 부위 소독	파우더	왁스 도포	부직포 부착 및 제거	진정젤 도포 및 마무리

도구 및 재료

소독용 알코올, 알코올솜, 젖은솜, 진정젤, 탈컴파우더, 나무스파츌라, 종이컵, 장갑, 족집게, 가위, 부직포

본심사

01 | 사전준비

1 베드 세팅하기

소타월 대신 티슈나 키친타월도 사용 가능하다.

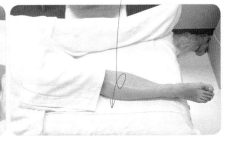

1 제모할 다리의 대타월을 무릎까지 내리고, 소타월로 무릎 아래까지 덮어준다.

2 왁스가 대타월에 떨어질 경우를 대비해서 제모할 다리 밑에 소타월을 깔아둔다.

2 장갑 착용 및 소독하기

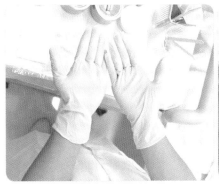

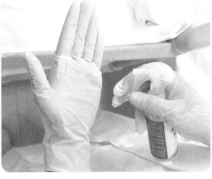

1 양손에 라텍스 장갑을 착용 후 알코올로 소독한다.
※ 라텍스 장갑은 새것을 사용해야 하므로 사용하기 직전 뜯도록 한다.

2 쟁반 위에 티슈를 깔고 족집게, 가위를 소독하여 침대 위에 준비해 둔다.

Note 가위는 제모할 털의 길이가 길 경우 1cm 내외로 자를 때 사용하며, 털이 짧으면 가위 사용은 안 해도 되나 준비물로 갖춰두도록 한다.

02 | 제모 부위 소독 및 파우더 바르기

• 모델이 털이 있는지, 길이가 1cm 정도로 적당한지 시험 전에 꼭 확인한다.

• 체모가 없는 경우 0점 처리된다.

※ 제모 부위는 좌우 다리뿐만 아니라 좌우 팔도 가능하다 (손과 발은 제외).

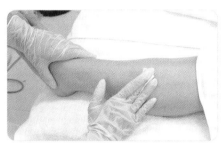

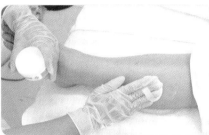

1 제모할 다리 부위를 알코올 솜으로 소독한다.
※ 작업 부위는 다리 안쪽 바깥쪽 상관이 없으며 가급적 털이 많은 부위를 하도록 한다.

2 제모할 부위에 탈컴 파우더를 충분히 바른다.
※ 제모 부위에 파우더를 바르는 것은 피부의 유·수분을 제거하여 왁스의 밀착력을 높이기 위함이다. 유분기가 많으면 왁스가 피부에 밀착되지 않기 때문에 너무 적지 않게 적당량을 바른다.

03 | 왁스 도포하기

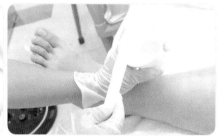

1 나무 스파츌라를 사용하여 왁스 워머에서 적당량의 왁스를 종이컵에 덜어온다.

2 왁스를 바르기 전에 손목 안쪽으로 온도 체크를 한다.

3 나무 스파츌라로 왁스를 뜬다.

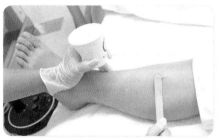

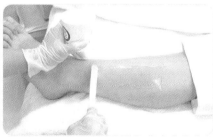

4 털이 난 방향으로 스파츌라를 45도 각도로 기울여 왁스를 바른다.
※ 왁스를 떠서 제모할 부위에 스파츌라를 90도로 세워 앞뒤로 움직여주면서 폭을 맞춰준다.

5 종아리 측면에 왁스를 밀착하여 부직포 사이즈(7×20cm)에 맞게 직사각형 모양으로 신속하게 도포한다.

6 가장자리에 뭉친 왁스를 재빠르게 관리 범위에 맞춰 펴준다.
※ 왁스가 점점 굳어지므로 잦은 터치를 하지 않도록 주의한다.

04 | 부직포 부착하기

1 왁스 도포부위에 맞춰 부직포를 규격에 맞춰 털이 난 방향으로 밀착시킨다.

2 손바닥으로 부직포를 3차례 정도 좌우로 쓸어주어 밀착시킨다. (속으로 10개까지 세어준다.)

 부직포의 규격은 가로 20cm, 세로 7cm이며, 적절한 왁스 도포 규격은 부직포 규격보다는 조금 작은 사이즈로, 가로 12~14cm, 세로 4~5cm 정도로 한다.

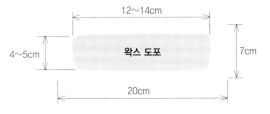

12~14cm
4~5cm
왁스 도포
7cm
20cm

05 | 부직포 제거하기

| Checkpoint |

부직포 제거 시 손을 들고 반드시 감독 입회하에 제거해야 하며, 털을 제거한 부직포는 반드시 감독관에게 보여주어 확인된 후 처리하도록 한다.

1 한 손으로 발목 방향으로 텐션을 주고, 다른 손으로 부직포를 잡는다.

2 털이 난 반대방향으로 재빠르게 떼어낸다.

3 제거한 부직포는 감독관이 확인할 수 있게 다리 옆 베드 위에 올려놓는다.

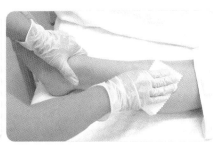

4 왁싱 후 남아있는 잔털을 족집게로 제거하여 준다.
※ 잔털이 없으면 생략한다.

5 남은 잔여 왁스는 여유분의 부직포를 이용하여 찍어내듯이 제거한다.

 제모 후 왁스 잔여물이나 제거되지 못한 털이 남아있지 않도록 주의한다.

06 | 진정젤 바르기

1 솜에 진정 젤을 묻힌다.

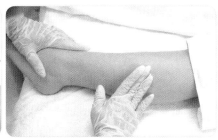

2 제모 부위에 진정 젤을 도포한다.

※사용한 솜은 위생봉투에 버린다.

07 | 마무리 하기

① 제모가 끝나면 부직포 및 사용한 솜은 위생봉투에 버린다.

② 라텍스 장갑을 벗고, 제모도구들을 정리한다.

③ 감독관에게 확인받고 대타월로 다리 부위를 덮는다.

④ 장갑은 위생봉투에 바로 버린다.

⑤ 왁스 잔여물이 없도록 주의한다.

※ 제모 과제 후 티슈를 붙여 왁스 잔여물을 체크할 수 있음

과제 03

림프 관리

아래 표는 림프의 과제별 주요 과정을 정리한 것이므로 충분히 숙지하시기 바랍니다.

1 목관리

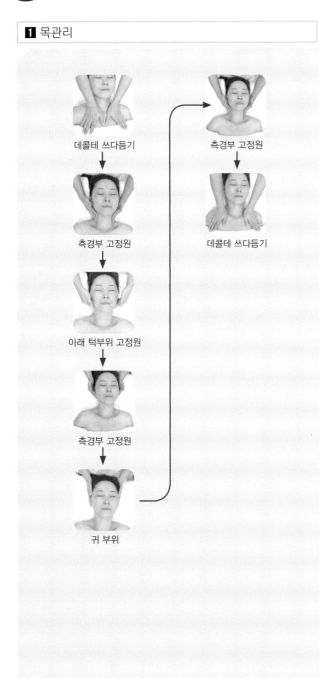

데콜테 쓰다듬기 → 측경부 고정원 → 아래 턱부위 고정원 → 측경부 고정원 → 귀 부위 → 측경부 고정원 → 데콜테 쓰다듬기

2 얼굴관리

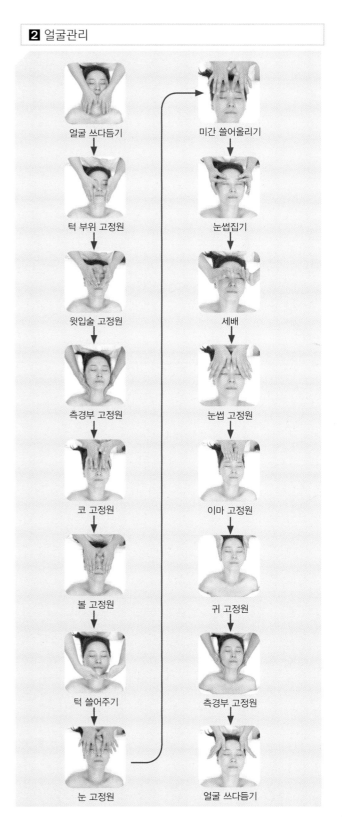

얼굴 쓰다듬기 → 턱 부위 고정원 → 윗입술 고정원 → 측경부 고정원 → 코 고정원 → 볼 고정원 → 턱 쓸어주기 → 눈 고정원 → 미간 쓸어올리기 → 눈썹집기 → 세배 → 눈썹 고정원 → 이마 고정원 → 귀 고정원 → 측경부 고정원 → 얼굴 쓰다듬기

림프 관리

LYMPH
DRAINAGE

1. 림프를 이용한 피부관리

림프관리 시험 개요

1 실기시험 요구사항

아래 과정에 따라 모델에게 피부미용 작업을 실시하시오.

작업명	요구내용	시간	비고
림프를 이용한 피부관리	적절한 압력과 속도를 유지하며 목과 얼굴부위에 림프절 방향에 맞추어 피부관리를 실시하시오. (단, 에플라쥐 동작을 시작과 마지막에 하시오.)	15분	종료시간에 맞추어 관리하시오.

2 과제개요

작업시간	배점
15분	15점

3 심사기준

구분	준비 및 위생	동작 (부위, 방향, 압력, 속도, 순서)	마무리
배점	3점	10점	2점

※ 심사기준은 실제 채점방식과 다를 수 있으나 핵심 요구사항은 유사하므로 참고하시면 도움이 됩니다.

4 심사 포인트

아래 과정에 따라 모델에게 피부미용 작업을 실시하시오.

구분	심사 포인트
사전심사	① 과제에 사용되는 화장품 및 사용 재료는 작업에 편리하도록 작업대에 정리하였는가? ② 모델을 관리에 적합하도록 준비하였는가?
본 심사 림프를 이용한 피부관리	① 적절한 압력과 속도를 유지하고 정확한 부위에 관리하였는가? ② 목과 얼굴 부위에 림프절 방향에 맞추어 제대로 관리를 하였는가? ③ 시작과 마지막에 에플라쥐 동작을 제대로 하였는가? ④ 에플라쥐 동작 후 목 부위부터 시작하였는가?

세부작업

0.5min	4.5min	10min
손소독	목관리	얼굴관리

도구 및 재료

소독용 알코올

림프관리 lymph drainage

15 min

NCS 학습모듈

01 │ 학습 목표 및 평가 준거

1. 림프관리를 수행할 수 있는 환경을 조성할 수 있다.
2. 림프관리 부위 피부상태를 파악할 수 있다.
3. 신체부위를 구분하고 제품을 선택하여 클렌징을 할 수 있다.
4. 림프관리 부위를 토닉으로 정리할 수 있다.
5. 림프관리 시 금기해야 할 상태를 구분할 수 있다.
6. 림프관리 시 적용할 신체 부위를 구분할 수 있다.
7. 림프절과 림프선을 알고 적절한 테크닉을 구사할 수 있다.

8. 방향, 속도, 압력을 조절하여 테크닉을 적용할 수 있다.
9. 마무리 테크닉 동작을 구사할 수 있다.
10. 관리가 끝난 고객은 일정 시간 편안한 자세로 유지시킬 수 있다.
11. 주변 환경을 위생적으로 마무리할 수 있다.

02 │ 평가자 체크리스트

평가항목		성취수준		
		상	중	하
림프관리를 위한 사전 준비	피부미용사의 위생적 복장 상태			
	림프관리에 적합한 준비 사항 수행			
	부위별 클렌징 수행			
	클렌징 부위의 위생적 마무리			
	클렌징 부위 토닉 정리			
	림프관리 기본 동작의 올바른 수행			
림프 테크닉	신체 부위별 림프절 위치에 알맞은 림프 테크닉 수행			
	방향, 속도, 압력을 조절한 림프 테크닉 수행			
	림프관리 마무리 테크닉 동작 수행			
	림프관리 후 일정 시간 동안 고객의 편안한 상태 유지			

03 │ 작업장 평가

평가항목		성취수준		
		상	중	하
림프관리를 위한 사전 준비	림프관리 수행을 위한 쾌적한 환경 조성 유무			
	피부미용사의 위생적 복장 상태			
	림프관리에 적합한 준비 사항 수행			
	부위별 클렌징 수행			
	클렌징 부위의 위생적 마무리			
	클렌징 부위 토닉 정리			
	림프관리 기본 동작의 올바른 수행			
림프 테크닉	신체 부위별 림프절 위치에 알맞은 림프 테크닉 수행			
	방향, 속도, 압력을 조절한 림프 테크닉 수행			
	림프관리 마무리 테크닉 동작 수행			
	림프관리 후 일정 시간 동안 고객의 편안한 상태 유지			
	주변 환경의 위생적 마무리 수행			

03

04 | 림프 드레나지 개요

1 림프 드레나지(lymph drainage) 정의

림프란 우리 몸에 존재하는 면역기관 중 하나로 림프액은 림프관을 따라 체내 노폐물과 대사물질, 피로물질 등과 함께 흐르다가 림프절에서 유해물질을 걸러낸다. 가장 핵심적인 림프절은 목, 겨드랑이, 서혜부가 있으나 피부미용사 실기에서는 목, 얼굴 관리로 한정한다.

2 림프 관리 주요 부위

얼굴독소 배출을 위한 림프절은 템포랄리스(Temporalis), 파로티스(Parotis), 앵글루스(Angulus), 프로펀더스(Profundus), 터미누스(Terminus) 등으로 이 부위에 고정원그리기를 한다.

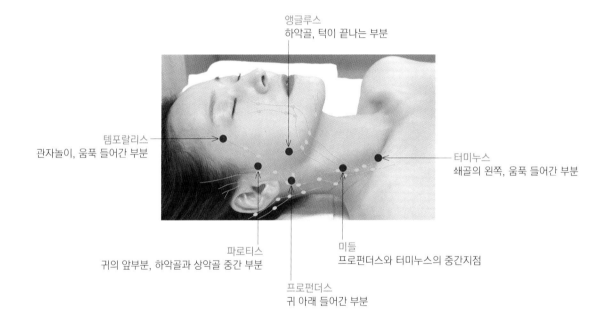

앵글루스
하악골, 턱이 끝나는 부분

템포랄리스
관자놀이, 움푹 들어간 부분

터미누스
쇄골의 왼쪽, 움푹 들어간 부분

파로티스
귀의 앞부분, 하악골과 상악골 중간 부분

미들
프로펀더스와 터미누스의 중간지점

프로펀더스
귀 아래 들어간 부분

3 기본동작

동작	설명
고정원 그리기	• 손가락 끝 부위 또는 손바닥 전체를 이용하여 제자리에서 원을 그리는 방법 • 얼굴, 목의 주요 림프절 부위에 적용
펌프 테크닉	• 손을 컵 모양으로 오목하게 하고 손바닥 전체가 피부에 완전히 닿도록 하여 손가락을 펴 올리듯 실시
말아서 올리는 테크닉	• 손목은 마개를 뽑아 돌리는 듯한 움직임과 비슷한 동작으로 실시 • 손바닥이 전체적으로 피부에 접촉될 수 있도록 구부리고 그 상태에서 피부의 최대 신장을 유도하여 최대한 안쪽으로 돌려준다. • 팔, 다리 등에 적용
회전 테크닉	• 손바닥을 편 상태에서 엄지와 나머지 손의 바닥면으로 원형 동작을 만들어 피부를 당긴다. • 흉곽, 등, 둔부, 복부에 적용

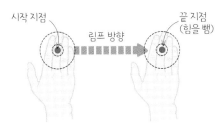

시작 지점   림프 방향   끝 지점 (힘을 뺌)

시작 지점   림프 방향   끝 지점 (힘을 뺌)

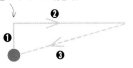

손가락 끝부분 또는 손가락 전체가 닿는 곳

❶ 손에 가벼운 압력을 가한다.
❷ 림프 방향으로 밀어준다.
❸ 힘을 뺀다.

[손바닥 사용 시] 중지 둘째 마디를 중심으로 손가락 전체로 가벼운 압으로 누른 후 손끝 쪽으로 밀고 림프 방향(새끼손가락 방향)으로 밀어준다.

[손가락 사용 시] 중지(또는 검지) 끝에 낮은 압으로 손끝 방향으로 밀고 림프 방향으로 가볍게 밀어준다.

【림프 기본 테크닉】

림프 관리시 손 사용부위

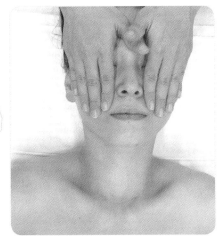

▲ 전체 손 이용시

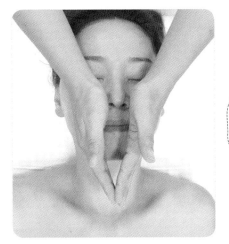

▲ 손 날 이용시

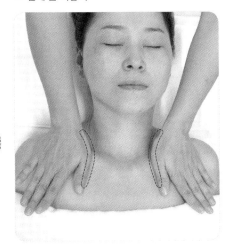

▲ 엄지 측면 이용시

▲ 손가락 이용시(중지 또는 검지 이용)

본심사

01 | 손 소독하기

- 터번을 푼 상태에서 작업한다.
- 작업 전 관리부위에 클렌징 작업은 하지 말 것
- 시작과 마지막에 애플라지 동작을 할 것
- 목부위(Profundus)부터 시작해서 림프절 방향으로 관리할 것
- 림프절 방향에 역행하지 않도록 주의할 것
- 속도를 유지하고 정확한 부위에 실시할 것

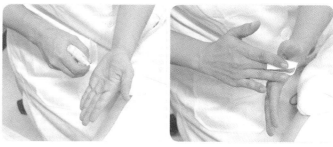

소독용 알코올 스프레이를 뿌리거나 알코올 솜으로 양 손등, 손바닥 및 손가락 사이사이를 소독한다.
※ 사용한 소독솜은 바로 위생봉투에 버린다.

02 | 목 관리

목 관리 과정 : 데콜테 쓰다듬기 → 측경부 고정원 → 아래 턱부위 고정원 → 측경부 고정원 → 귀 부위 → 측경부 고정원 → 데콜테 쓰다듬기

1 데콜테 쓰다듬기

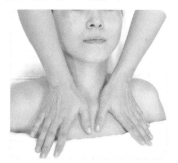
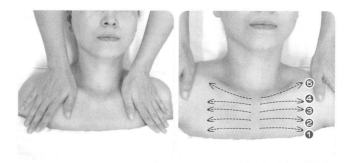

1 양손 엄지 측면을 데콜테 중앙에 한 손을 올리고 다른 한 손을 차례로 올려놓는다.

2 데콜테 중앙에 올려놓은 상태에서 동시에 양쪽 엄지 측면으로 중앙에서 어깨쪽 쇄골 방향으로 쓰다듬기를 한다.(총 5회)

2 측경부 고정원 그리기

- 프로펀더스, 미들, 터미누스 세 부위를 순서대로 5회씩 고정원 동작을 해준다.
- 모든 고정원 동작은 5회를 기본으로 한다. 각 부위 3세트를 해주나 시간 배분에 따라 가감할 수 있다.

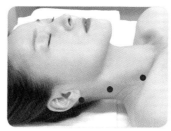

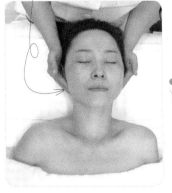

프로펀더스 : 귀 바로 아래 들어간 부위

1 중지를 중심으로 손가락 끝마디를 자연스럽게 프로펀더스 자리에 놓고 정지된 상태에서 고정원 동작을 한다.

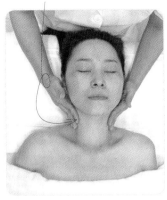

미들 : 목옆 라인 프로펀더스와 터미누스의 중간부위

2 미들 자리에 손가락 끝마디를 이용해 약하게 고정원 동작을 한다.

터미누스 : 쇄골의 왼쪽에 움푹 들어간 부위

3 터미누스 자리에 오른쪽 검지와 왼쪽 검지를 교대로 올려놓은 상태에서 쇄골 밑으로 밀어주는 동작을 한다.

3 아래 턱 부위 고정원 그리기

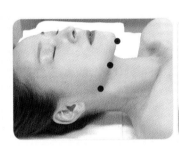

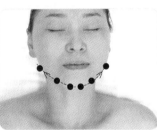

1 오른손과 왼손을 교대로 턱밑 중앙에 올려놓은 상태에서 고정원 동작을 실시한다.

2 오른손과 왼손을 교대로 턱아래 중앙과 하악 사이 중간지점으로 이동하여 고정원 동작을 실시한다.

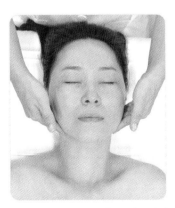

3 오른손과 왼손을 교대로 아래 턱밑 지점 하악 부위로 이동하여 고정원 동작을 실시한다.

4 측경부 고정원 그리기

프로펀더스, 미들, 터미누스 세 부위에 고정원 동작을 한다.

5 귀 부위

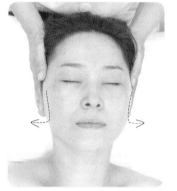

양손 검지와 중지 사이에 귓바퀴를 교대로 끼우고 손끝 쪽으로 가볍게 밀어 새끼손가락 쪽으로 밀어주고 힘을 뺀다.

6 측경부 고정원 그리기

귀 부위 동작 후 프로펀더스, 미들, 터미누스 세 부위에 고정원 동작을 한다.

7 데콜테 쓰다듬기

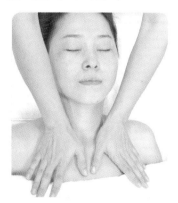

1 데콜테 중앙에 엄지 측면을 한 손씩 차례로 올려놓는다.

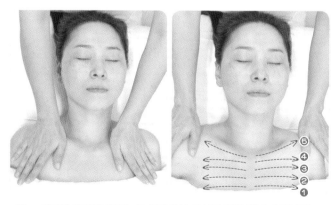

2 데콜테 중앙에 올려놓은 상태에서 동시에 양쪽 엄지 측면에서 쇄골 방향으로 쓰다듬기를 한다.(5회 반복)
 – 데콜테 쓰다듬기와 동일한 동작

얼굴관리 과정 : 얼굴 쓰다듬기 – 턱 – 입술 – 측경부 – 코 – 볼 – 턱 – 눈 – 눈썹 – 이마 – 귀 측경부 – 얼굴 쓰다듬기

1 얼굴 쓰다듬기

1 앞의 데콜테 쓰다듬기 동작과 연결하여 엄지 측면을 한 손씩 차례로 턱 중앙에 올리고 귀까지 천천히 쓰다
듬기 한다.

2 엄지 측면을 한 손씩 차례로 볼 부위에 놓고 귀 중앙 방향으로 천천히 쓰다듬기 한다.

3 검지와 중지를 한 손씩 차례로 콧방울에 올리고 눈썹 앞머리 방향으로 천천히 쓰다듬기 한다.

4 엄지 측면을 한 손씩 이마 중앙에 올리고 관자놀이 방향으로 천천히 쓰다듬기 한다.
※ 얼굴 쓰다듬기는 1회씩 하고 턱 고정원 동작을 준비한다.

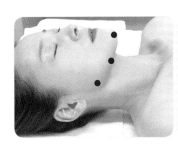
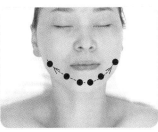

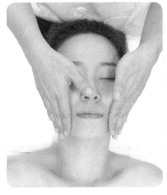
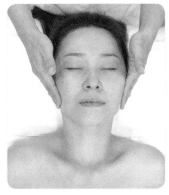

1 양손을 차례로 턱 중앙에 올려놓은 후 턱을 3등분으로 나누어 고정원 동작을 한다.

2 손을 차례로 턱 중간 지점에 올려놓고 고정원 동작을 한다.

3 앵글로스 지점에서 고정원 동작을 진행한다.

3 윗입술 부위 고정원 그리기

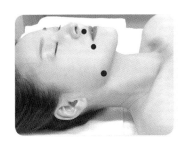
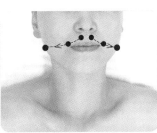

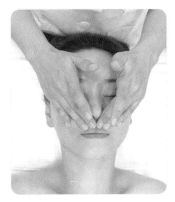
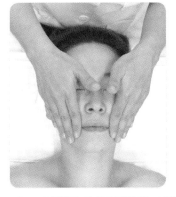
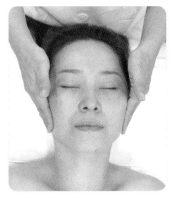

1 중지와 약지를 차례로 인중에 올려놓은 상태에서 고정원 동작을 진행한다.

2 손전체를 차례로 양쪽 입꼬리에 올려놓은 상태에서 고정원 동작을 진행한다.

3 앵글루스에 올려놓은 상태에서 고정원 동작을 진행한다.

4 측경부 고정원 그리기

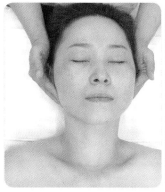  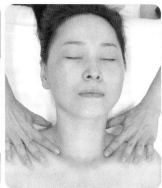

프로펀더스, 미들, 터미누스 세 부위에 고정원 동작을 한다.

5 코 부위 고정원 그리기

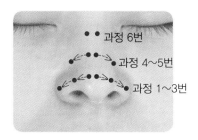 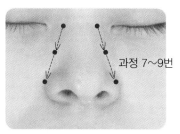

[코 벽 부위]

1 코 하단 부위를 코끝, 코끝아래, 콧방울로 3등분하여 중지를 이용하여 고정원 동작을 한다.

2 코끝과 콧방울 사이의 중간 지점에서 고정원 동작을 한다.

3 콧방울 아래 부위를 중지를 이용하여 고정원 동작을 한다.

4 코 중간부위 윗부분을 중지를 이용하여 고정원 동작을 한다.

5 코 중간부위 아랫부분을 중지를 이용하여 고정원 동작을 한다.

6 같은 방법으로 코뿌리 부위(한 부위)에서 고정원 동작을 한다.

7 코 상단 옆. 코벽을 중지를 이용하여 고정원 동작을 한다.(코벽 3부위)

8 코벽 중간쪽 얼굴 경계면을 중지를 이용하여 고정원 동작을 한다.

9 코벽 아래쪽 얼굴 경계면을 중지를 이용하여 고정원 동작을 한다.

6 볼 부위 고정원 그리기 – 턱 부위 쓸어주기

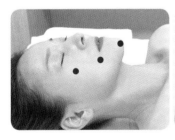

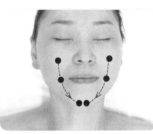

- 광대뼈 – 입꼬리 – 턱 중앙 – 턱 아래 쓸어주기
- 볼 부위에서 턱 쓸어주기까지 한 동작이므로 연결해서 해준다.

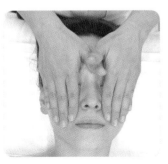

1 광대뼈 부위에 전체 손을 올리고 고정원 동작을 한다.

2 입꼬리 지점에 양손을 차례로 올려 놓은 상태에서 고정원 동작을 한다.

3 양손으로 턱 중앙 부위에 고정원 동작을 한다.

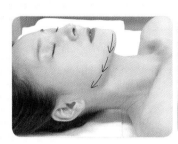 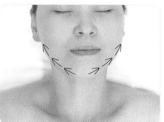

 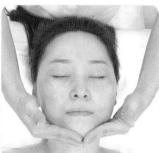 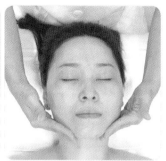

4 턱밑에 차례로 한 손씩 세우고 양손을 동시에 수평으로 만들면서 프로펀더스 방향으로 약간 쓸어주며 움직인다.

5 턱선을 따라 조금 이동한 지점에서 다시 손을 세우고 1번 동작을 반복하며 프로펀더스 방향으로 약간 쓸어주며 움직인다.

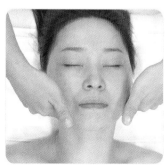 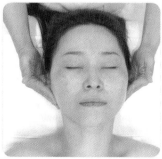

6 2번 동작을 반복하며 프로펀더스 지점까지 쓸어준다.
프로펀더스까지 조금씩 움직여 4~5 지점 정도에서 1회 실시한다.

7 눈 부위 고정원 그리기

눈 고정원 – 코벽 쓸어올리기 – 눈썹 집어주기 – 측면 잡아주기 – 눈썹 고정원

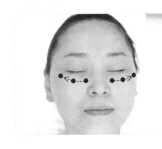  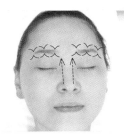 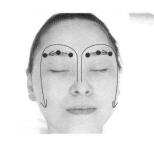

1 눈 앞머리 아래에서 검지로 고정원 동작을 한다.

2 검지를 차례로 한 손씩 옮기고 눈밑 중앙에서 고정원 동작을 한다.

3 눈밑 끝부분에 이르는 지점에 검지로 고정원 동작을 한다.

4 양손 검지를 코벽에 한 손씩 올리고 눈썹 앞머리까지 동시에 쓸어 올린다. (3회)

5 눈썹 머리, 중앙, 꼬리를 3등분하여 엄지와 검지를 사용하여 차례대로 지그시 집어준다.

6 양손 엄지로 양쪽 코벽을 타고 이마 방향으로 가볍게 쓸어 올려준다.

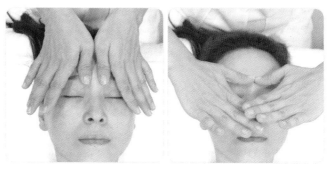

7 양손을 눈썹 위에 올려 세우면서 겹치게 한다.

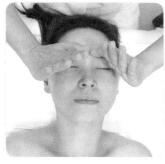

8 양손 날이 하늘을 보게 한 후 얼굴측면 쪽으로 벌려준다.

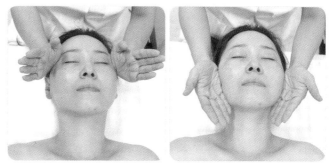

9 겹쳐진 양손을 풀어 양손 날을 얼굴 측면 부위에 살포시 붙인다.

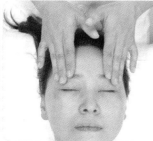

10 눈썹 머리(검지), 중앙(전체 손마디), 꼬리(전체 손마디)를 차례대로 사용하여 고정원 그리기를 한다.

8 이마 부위 고정원 그리기

1 양손을 차례로 이마 중앙에 올리고 고정원 그리기를 한다.

2 손을 차례로 이마 중앙 – 중간 부위 (눈썹산 위)에 올려놓아 고정원 그리기를 한다.

3 이마 상단 끝 부위에서 고정원 그리기를 한다.

9 귀 부위 고정원 그리기

1 양손끝을 차례로 ㉮ 지점에 올리고 고정원 그리기를 한다.

2 양손끝을 차례로 ㉯ 지점에 올리고 고정원 그리기를 한다.

🔟 측경부 고정원 그리기

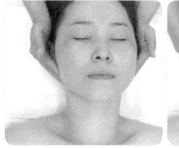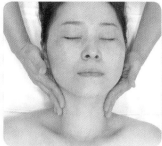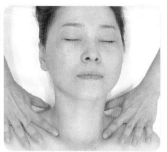

프로펀더스, 미들, 터미누스 세 부위를 고정원 동작을 한다.

🔟 얼굴 쓰다듬기

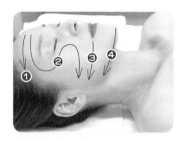

양 엄지 측면을 이용하여 이마 부위 – 볼 부위
– 턱부위 – 측경부 순서로 쓰다듬기 한다.

1 양 엄지 측면을 이마 중앙에 차례로 올려놓고 관자놀이 쪽으로 끝까지 빼주며 쓰다듬기 한다. 3회 반복한다.

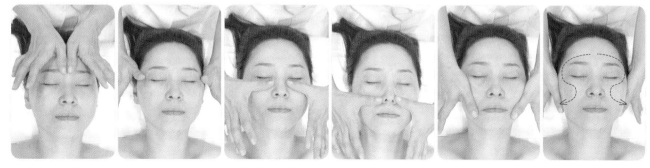

2 양 엄지 측면을 다시 이마 중앙에 차례로 올려놓고 관자놀이 쪽으로 쓸어주며 눈밑 쪽으로 들어가서 볼 전체를 쓸어주며 귀 방향으로 쓰다듬기를 한다. (S자형) – 3번 반복

3 양손 측면날을 이용하여 차례로 입꼬리 옆에 올려놓고 귀 방향으로 쓰다듬기 한다. 3회 반복한다.

4 엄지와 검지를 교대로 턱 중앙의 턱 날을 가볍게 잡는다. 엄지와 검지 사이에 턱 날을 가볍게 댄 상태
에서 귀 방향으로 턱 위와 아래를 쓰다듬기 한다. (3회 반복)

5 4번 마지막 횟수 동작과 연결하여 자연스럽게 측경부를 따라 터미누스 방향으로 손을 내려오며 동작을 마무리 한다.

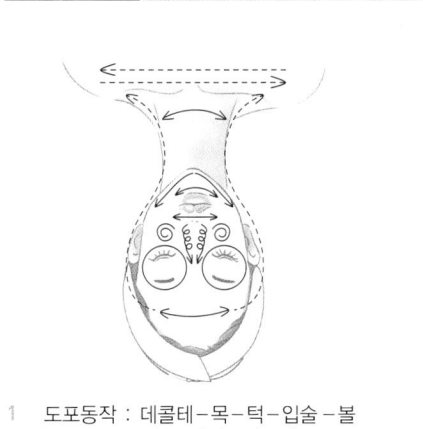

1 도포동작 : 데콜테-목-턱-입술-볼
  -코-눈-이마-데콜테

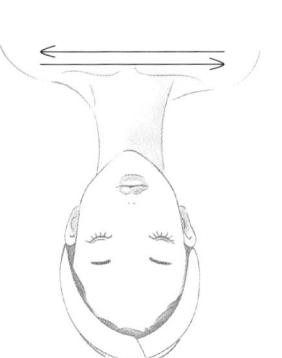

2 데콜테 : 좌우로 쓸어주기

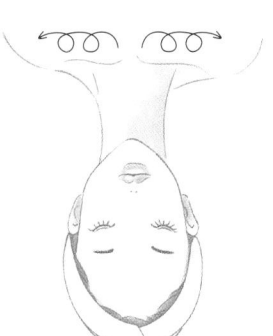

3 데콜테 : 나선형으로 굴려주기

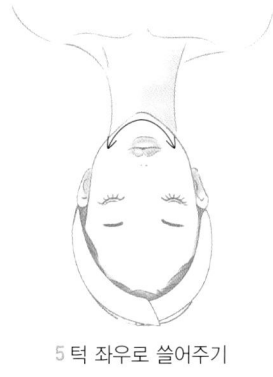

4 목 쓸어 올리기

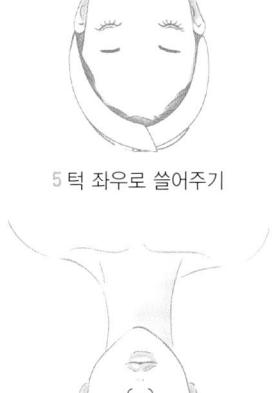

5 턱 좌우로 쓸어주기

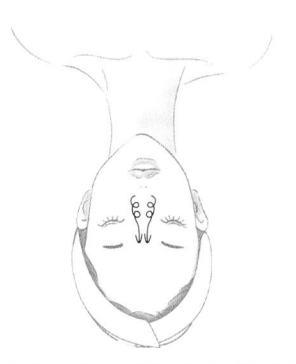

6 입술 2, 3지 벌려 쓸어주기

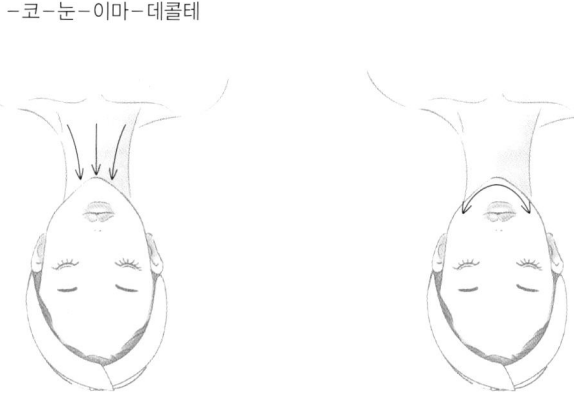

7 볼 3등분하여 원 동작으로 굴려주기

8 코 3, 4지로 굴려준 후 코 벽 쓸기

9 눈 주위 원 동작으로 굴려주기

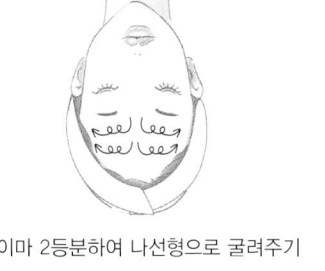

10 이마 2등분하여 나선형으로 굴려주기

11 이마 좌우로 쓸어주기

12 얼굴 옆을 쓸며 턱에서 마무리

1 도포동작 : 데콜테－목－턱－입술－볼
　－코－눈－이마－데콜테

2 데콜테 : 좌우로 쓸어주기
　(좌우 1세트 3번)

3 데콜테 : 물결모양으로 쓸어주기
　(좌우 1세트 2번)

4 데콜테 나선형으로 굴려주기 (3세트)

5 목 쓸어 올리기 (좌우 1세트 3번)

6 목 원 동작으로 문지르기 (3세트)

7 턱 좌우로 쓸어주기 (좌우 1세트 3번)

8 턱 교대로 C자 그리며 문지르기
　(좌우 1세트 2번)

9 입술 2, 3지 벌려 쓸어주기
　(좌우 1세트 3번)

10 볼 3등분하여 원 동작으로 굴려주기
(3세트)

11 볼 올리면서 진동하기
(6세트)

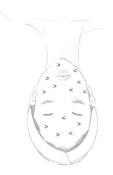

12 얼굴 집으며 팅겨주기

13 볼 안에서 바깥쪽으로 진동하기 (3세트)

14 엄지로 인중과 턱을 문지르기
(상하 1세트 6번)

15 3, 4지로 입꼬리 8자로 문지르기
(6~8번)

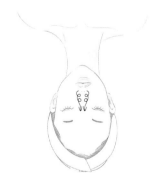

16 코 굴려주며 코 벽 올라가기 (3세트)

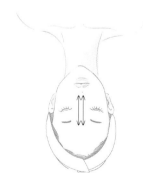

17. 코 벽, 콧등 상하로 쓸어주기 (6~8번)

18. 눈 주위 원 동작으로 굴려주기 (6~8번)

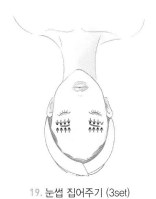

19. 눈썹 집어주기 (3set)

20 눈 크게 8자 그리고 관자놀이 문지르기
(3세트)

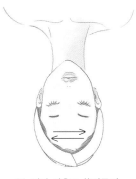

21. 이마 좌우로 쓸어주기
(좌우 1세트 3번)

22 이마 2등분하여 나선형으로 굴려주기
(3세트)

23 이마 C자 맞물리며 문지르기
(좌우 1세트 2번)

24 이마 좌우로 쓸어주기
(좌우 1세트 2번)

25 얼굴 좌우로 쓸어 올리기
(좌우 1세트 2번)

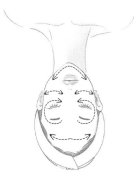

26 얼굴 피아노 치듯 두드리기

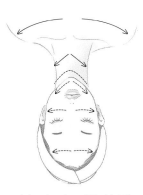

27 이마~데콜테 쓰다듬기 (1번)

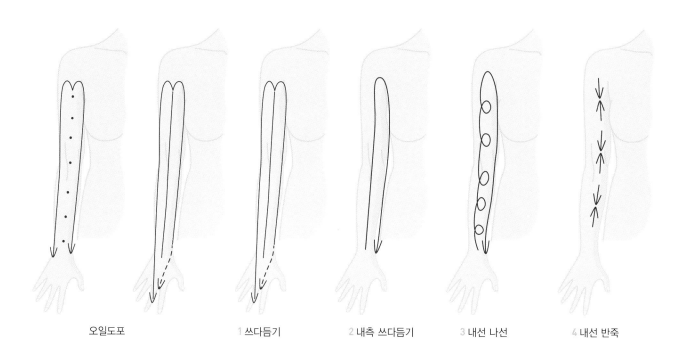

오일도포　　1 쓰다듬기　　2 내측 쓰다듬기　　3 내선 나선　　4 내선 반죽

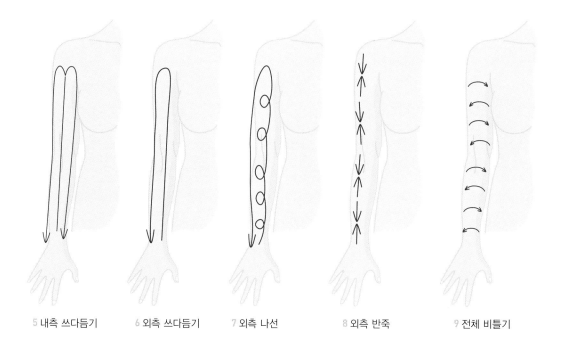

5 내측 쓰다듬기　　6 외측 쓰다듬기　　7 외측 나선　　8 외측 반죽　　9 전체 비틀기

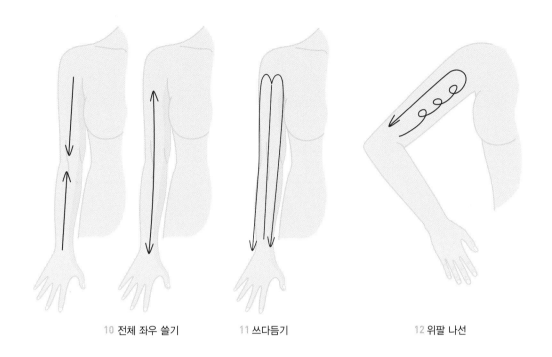

10 전체 좌우 쓸기　　11 쓰다듬기　　12 위팔 나선

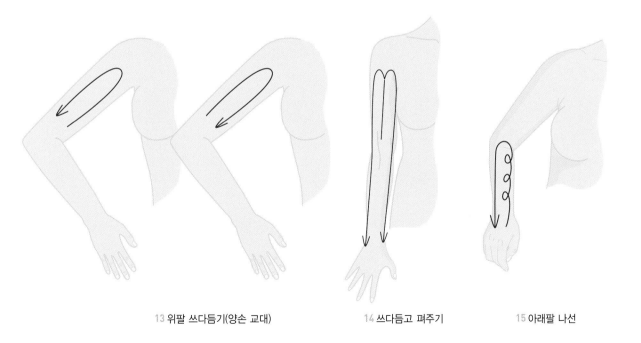

13 위팔 쓰다듬기(양손 교대)　　14 쓰다듬고 펴주기　　15 아래팔 나선

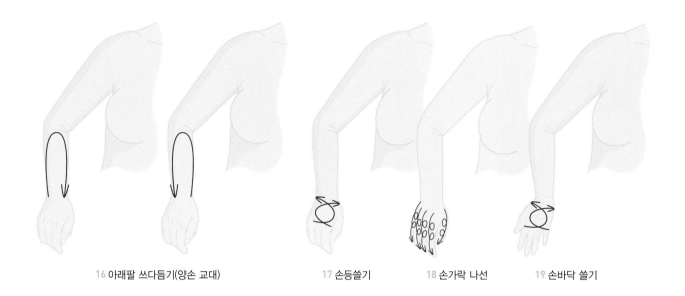

16 아래팔 쓰다듬기(양손 교대)　　　17 손등쓸기　　　18 손가락 나선　　　19 손바닥 쓸기

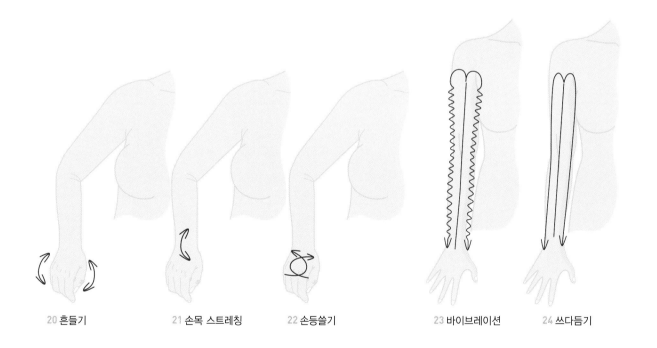

20 흔들기　　　21 손목 스트레칭　　　22 손등쓸기　　　23 바이브레이션　　　24 쓰다듬기

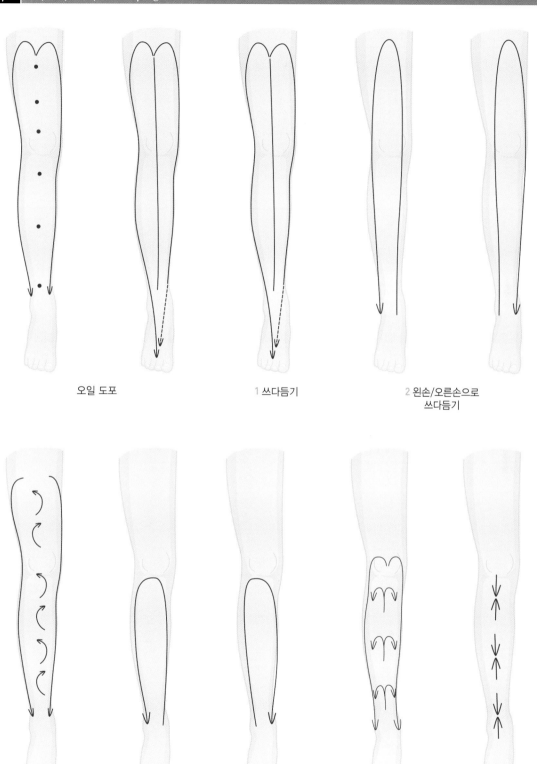

오일 도포

1 쓰다듬기

2 왼손/오른손으로
쓰다듬기

3 양손 나선

4 종아리 전면 쓰다듬기
(양손 교대)

5 종아리 하트

6 종아리 반죽

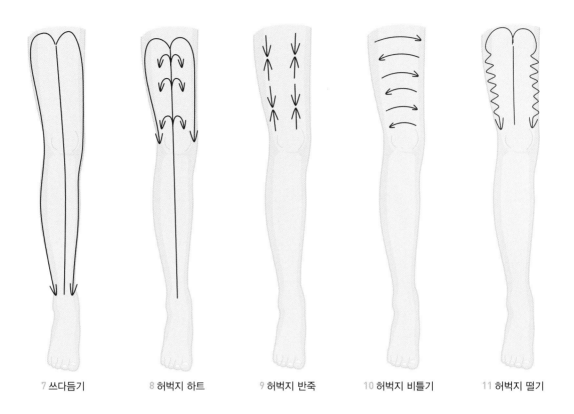

7 쓰다듬기   8 허벅지 하트   9 허벅지 반죽   10 허벅지 비틀기   11 허벅지 떨기

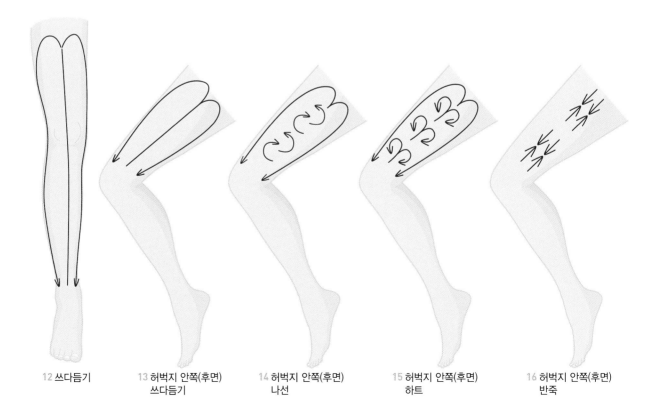

12 쓰다듬기   13 허벅지 안쪽(후면)   14 허벅지 안쪽(후면)   15 허벅지 안쪽(후면)   16 허벅지 안쪽(후면)
                    쓰다듬기   나선   하트   반죽

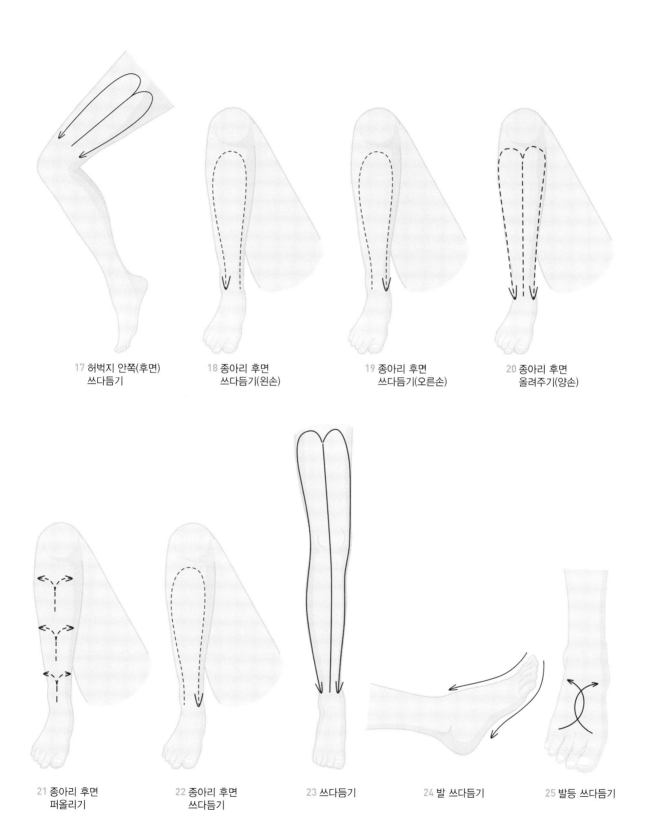

17 허벅지 안쪽(후면)
   쓰다듬기

18 종아리 후면
   쓰다듬기(왼손)

19 종아리 후면
   쓰다듬기(오른손)

20 종아리 후면
   올려주기(양손)

21 종아리 후면
   퍼올리기

22 종아리 후면
   쓰다듬기

23 쓰다듬기

24 발 쓰다듬기

25 발등 쓰다듬기

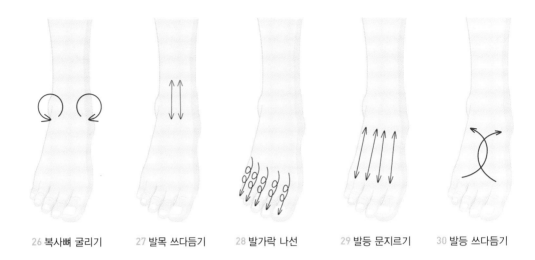

26 복사뼈 굴리기   27 발목 쓰다듬기   28 발가락 나선   29 발등 문지르기   30 발등 쓰다듬기

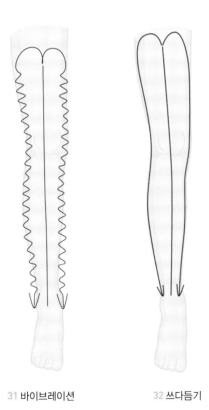

31 바이브레이션   32 쓰다듬기

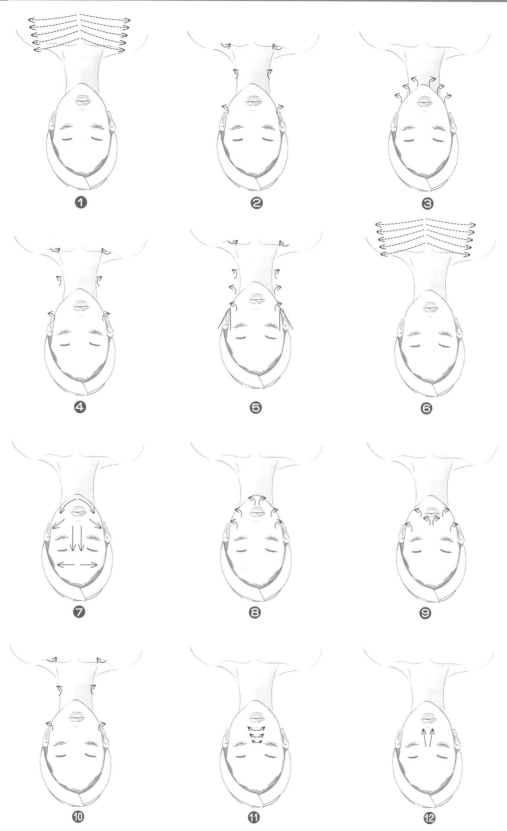

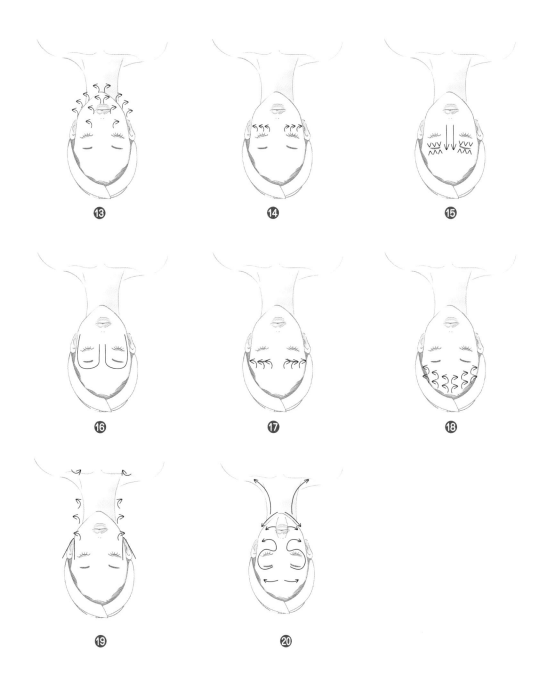

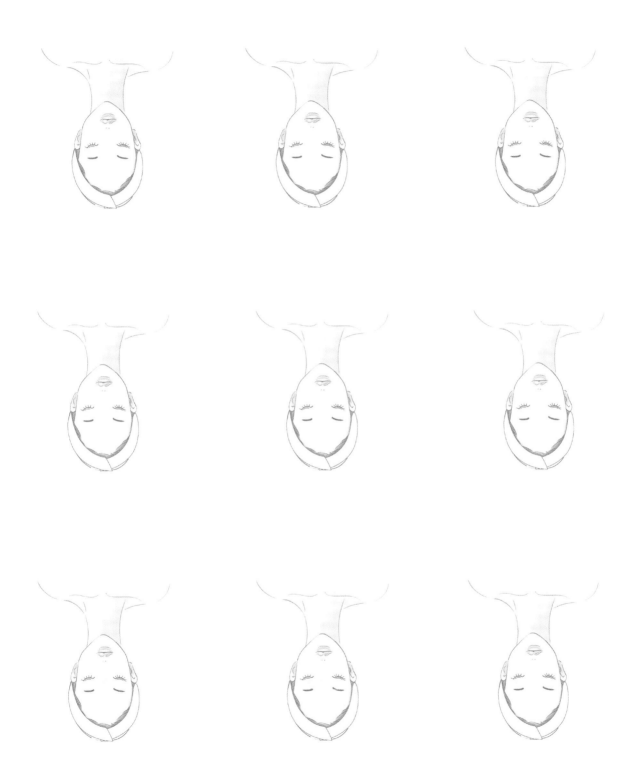

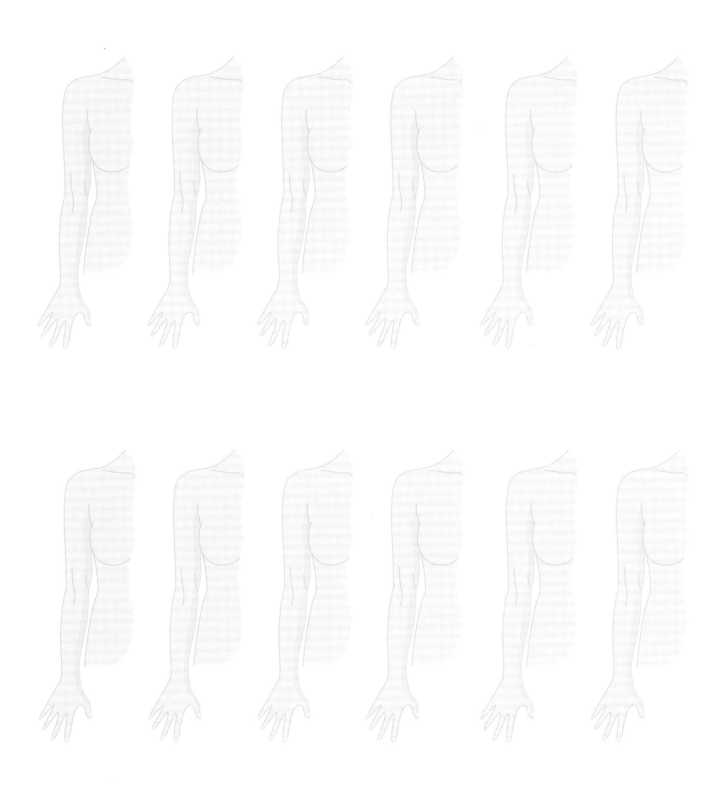

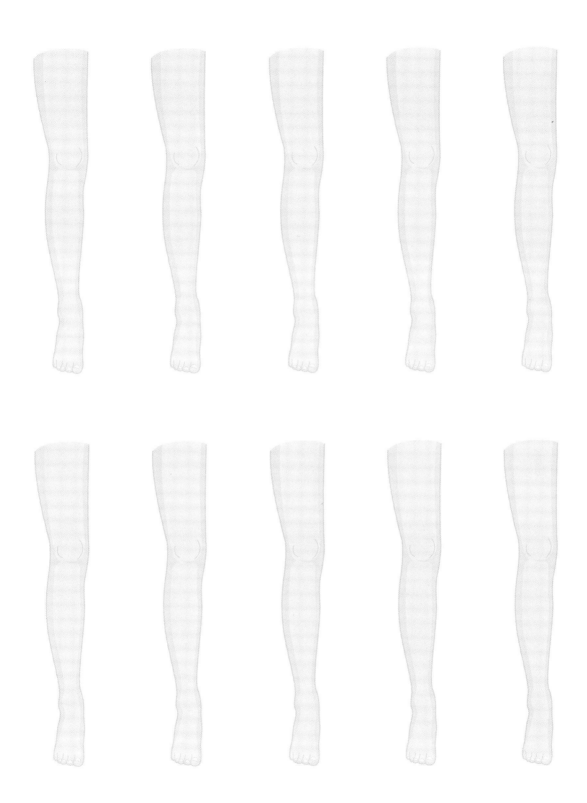

수험교육의 최정상의 길 – 에듀웨이 EDUWAY

(주)에듀웨이는 자격시험 전문출판사입니다.
에듀웨이는 독자 여러분의 자격시험 취득을 위한 교재 발간을 위해
노력하고 있습니다.

피부미용사 실기

2025년 02월 10일 5판 3쇄 인쇄
2025년 02월 20일 5판 3쇄 발행

지은이 문서원·조효정·에듀웨이 R&D 연구소(미용부문)
펴낸이 송우혁 | 펴낸곳 (주)에듀웨이 | 주소 경기도 부천시 소향로13번길 28-14, 8층 808호(상동, 맘모스타워)
대표전화 032) 329-8703 | 팩스 032) 329-8704 | 등록 제387-2013-000026호 | 홈페이지 www.eduway.net

기획·진행 에듀웨이 R&D 연구소 | 북디자인 디자인동감 | 교정교열 정상일 | 인쇄 미래피앤피

ISBN 979-11-86179-92-5

이 도서의 국립중앙도서관 출판시도서목록(CIP)은 서지정보유통지원시스템 홈페이지(http://seoji.nl.go.kr)와 국가자료공동목록시스템
(http://www.nl.go.kr/kolisnet)에서 이용하실 수 있습니다.

에듀웨이에서 펴낸 2025 미용수험서 시리즈

(주)에듀웨이 수험서는 시험준비를 위해 알차게 구성되어 있습니다. 여러 독자님들의 추천이 있던 바로 그 기분파~!
가까운 서점에 방문하셔서 에듀웨이 수험서의 차별화된 구성을 직접 확인하시기 바랍니다.

수많은 수험생들의 합격수기로 검증된 만족도·평가도·베스트셀러 1위인 에듀웨이 수험서로 준비하십시오!

네일미용사 필기

(실전모의고사 · 최신경향 빈출문제 수록)

권지우·에듀웨이 R&D 연구소 저

458쪽 / 4×6배판 / 이론컬러

값 23,000원

네일미용사 실기

(심사기준, 심사포인트, 동영상 강의 제공)

권지우 외 2인 공저

178쪽 / 국배변형판 / 풀컬러

값 25,000원

미용사 일반 필기

(실전모의고사 · 최신경향 빈출문제 수록)

에듀웨이 R&D 연구소 저

448쪽 / 4×6배판 / 이론컬러

값 23,000원

미용사일반(헤어) 실기

(심사기준, 심사포인트, 동영상 강의 제공)

장수은 외 2인 공저

180쪽 / 국배변형판 / 풀컬러

값 25,000원

메이크업미용사 필기

(실전모의고사 · 최신경향 빈출문제 수록)

김효정 외 7인 공저

484쪽 / 4×6배판 / 이론컬러

값 25,000원

메이크업 실기

(심사기준, 심사포인트, 동영상 강의 제공)

조효정, 에듀웨이 R&D 연구소 저

200쪽 / 국배변형판 / 풀컬러

값 25,000원

피부미용사 필기

(실전모의고사 · 최신경향 빈출문제 수록)

에듀웨이 R&D 연구소 저

480쪽 / 4×6배판 / 이론컬러

값 25,000원

피부미용사 실기

(심사기준, 심사포인트, 동영상 강의 제공)

문서원 외 2인 공저

188쪽 / 국배변형판 / 풀컬러

값 25,000원